Berechnung der Einsenkung von Eisenbetonplatten und Plattenbalken.

Von

Dr.-Ing. Karl Heintel,
Regierungsbaumeister.

Mit 37 Figuren.

Springer-Verlag Berlin Heidelberg GmbH
1909

Alle Rechte, insbesondere das der
Übersetzung in fremde Sprachen, vorbehalten.

Additional material to this book can be downloaded from http://extras.springer.com

ISBN 978-3-662-42803-0   ISBN 978-3-662-43084-2 (eBook)
DOI 10.1007/978-3-662-43084-2

Inhaltsverzeichnis.

		Seite
1.	Die Einsenkung von Platten und Balken beliebigen Materials	1
2.	Die Berechnung der Formänderungskurve des Betons . .	6
3.	Die Eigenschaften der Formänderungskurve des Betons . .	14
4.	Die Formänderungskurve des Balkens 48	26
5.	Berechnung der Zusammendrückungen ε_o und Dehnungen ε_u bei einer Eisenbetonplatte von gegebenen Größenabmessungen	29
6.	Einsenkung einer freiaufliegenden Eisenbetonplatte bei gleichmäßig verteilter Last	33
7.	Einsenkung einer an beiden Enden eingespannten Platte mit und ohne Vouten	35
8.	Einsenkung eines Plattenbalkens	40

1. Die Einsenkung von Platten und Balken beliebigen Materials.

Ein Balken werde mit beliebigen, aber symmetrisch angeordneten Lasten belastet. Die in den einzelnen Querschnitten hervorgerufenen Momente sind durch die Momentenlinie bestimmt (siehe Fig. 1). Der Balken biegt sich durch (siehe Fig. 2). Ich bezeichne

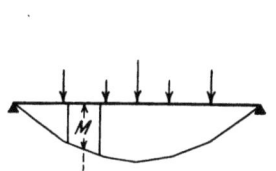

Fig. 1. Momentenlinie.

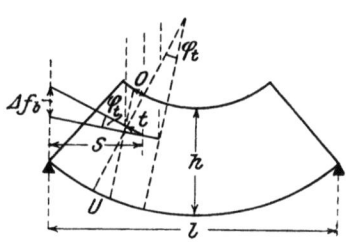

Fig. 2.

vor der Belastung auf dem Balken eine Lamelle von der Länge t zwischen senkrechten Querschnittsflächen. Nach der Belastung hat sich die Lamelle verändert, sie erhält durch die Biegung eine Verkürzung der obersten Betonfaser um O und eine Verlängerung der untersten um u. Der Winkel, den die beiden Begrenzungsflächen miteinander einschließen, wird

$$\varphi_t = \frac{O+u}{h}.$$

Der Beitrag der Einsenkung, der durch diese Lamelle hervorgerufen wird, ergibt sich direkt aus Fig. 2 zu

$$\Delta f_b = \varphi_t \cdot s = \frac{O+u}{h} s.$$

Bezeichnet man die Verkürzung der obersten Faser einer Balkenlamelle von der Länge 1 bei dem entsprechenden Moment mit ε_0, die Verlängerung der untersten Faser mit ε_u, so wird

$$O = t \cdot \varepsilon_0 \qquad u = t \cdot \varepsilon_u,$$

damit
$$\varphi_t = t \cdot \frac{\varepsilon_0 + \varepsilon_u}{h}$$

und
$$\Delta f_b = \frac{\varepsilon_0 + \varepsilon_u}{h} \cdot t \cdot s.$$

Um die durch die Biegungsmomente entstehende Gesamteinsenkung zu erhalten, brauche ich nur den Balken in eine Anzahl Lamellen zu zerlegen und die einzelnen Einsenkungen zu summieren. Man erhält

$$f_b = \sum_0^{\frac{l}{2}} \frac{\varepsilon_0 + \varepsilon_u}{h} \cdot s \cdot t \qquad \qquad (1)$$

Die Werte von ε_0 und ε_u sind unbekannt. Wie sie für einen bestimmten Balken für verschiedene Biegungsmomente berechnet werden können, wird später gezeigt werden. Für mehrere Versuchsbalken sind sie durch Messungen erhoben worden.

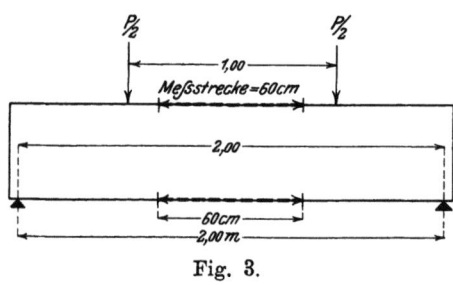

Fig. 3.

So hat Bach im Auftrag des Eisenbetonausschusses der Jubiläumsstiftung der deutschen Industrie zahlreiche Biegeversuche mit Eisenbetonbalken angestellt, und in den „Mitteilungen über Forscherarbeiten", herausgegeben vom Verein Deutscher Ingenieure, in den Heften 39 und 45 bis 47 veröffentlicht. Die allgemeine Anordnung dieser Versuche ist aus Fig. 3 zu ersehen. Die 2 m langen Balken wurden mit zwei konzentrierten, gleichen und symmetrischen Einzellasten, welche 1 m voneinander entfernt waren, belastet. Der Balkenteil zwischen den beiden Lasten erhält durch diese Anordnung durchgehends gleiches Moment. Die Schubkraft ist zwischen Auflager und Angriffspunkt der Lasten $= \frac{P}{2}$, zwischen den beiden Lasten aber gleich Null. Bei den verschiedenen Belastungsstufen wurden nun in einer 60 cm langen Meßstrecke die Zusammendrückungen des Betons an der Balkenoberfläche, sowie die Dehnungen an der Balkenunterfläche gemessen. Mit Hilfe dieser Messungen läßt sich die Einsenkung berechnen.

Beispiel: Der von Bach untersuchte Plattenbalken Nr. 72 Bach-Fig. 223 von 50,9 cm Höhe (siehe Fig. 4) werde mit $P = 10\,000$ kg, d. h. zwei Einzellasten von 5000 kg belastet. Wie groß ist seine Einsenkung, hervorgerufen durch die Biegungsmomente?

Bach ermittelte bei einer Belastung von

2000 4000 6000 8000 10000 kg

eine Zusammendrückung der Oberkante von

0,24 0,51 0,80 1,10 1,44

und eine Dehnung der Unterkante von

0,30 0,63 0,97 1,48 2,06.

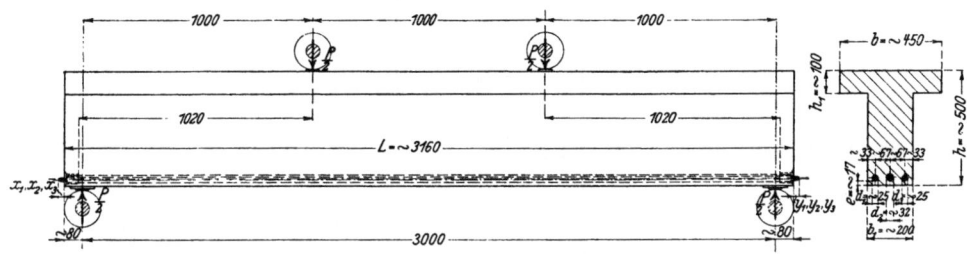

Fig. 4. Plattenbalken Nr. 72 (Bach-Fig. 223).[1]

Diese Zahlen bedeuten $\frac{1}{200}$ cm. Da sie außerdem einer Meßlänge von 60 cm entsprechen, so ergeben die auf Grund dieser Zahlen gewonnenen Rechnungsresultate von Längen

$$\frac{1}{200} \cdot \frac{1}{60} = \frac{1}{12000} \text{ cm.}$$

Den verschiedenen Belastungsstufen entspricht ein Biegungsmoment von $M = \frac{P}{2} \cdot 100$ cmkg, d. h. von

100000, 200000, 300000, 400000, 500000 cmkg.

Den mit $P = 10000$ kg belasteten Balken teile ich in Lamellen von 20 bzw. 50 cm Länge ein, zeichne die Momentenlinie (Fig. 5), bestimme das jeder Lamelle entsprechende mittlere Moment, sowie den Abstand s von Lamellenmitte bis Auflager, bilde die Werte $(\varepsilon_0 + \varepsilon_u)\,s\,t$ (s. Tab. I) und schließlich

$$\sum_0^{\frac{l}{2}} (\varepsilon_0 + \varepsilon_u)\,s\,t.$$

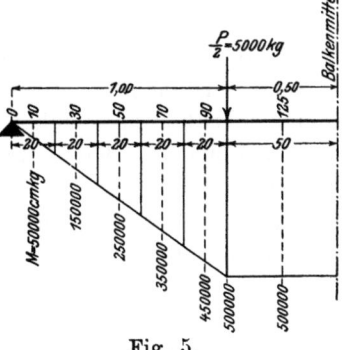

Fig. 5.

[1] Forschungsarbeiten Heft 45 bis 47.

Tabelle I.

$M = \frac{P}{2}\cdot 100$	P	Gemessen von Bach		$\varepsilon_0 + \varepsilon_u$	Zwischen-momente	Zwischenwerte von $\varepsilon_0 + \varepsilon_u$	t	s	$(\varepsilon_0 + \varepsilon_u)\,t\cdot s$
		ε_0	ε_u						
0	0	0	0	0					
100 000	2000	0,24	0,30	0,54	50 000	0,27	20	10	54
200 000	4000	0,51	0,63	1,14	150 000	0,84	20	30	504
300 000	6000	0,80	0,97	1,77	250 000	1,455	20	50	1455
400 000	8000	1,10	1,48	2,58	350 000	2,175	20	70	3 045
500 000	10 000	1,44	2,06	3,50	450 000	3,04	20	90	5 472
					500 000	3,50	50	125	21 875

Summe: 32 405

Die gesuchte Einsenkung ist dann:

$$f_b = \frac{1}{h}\sum_0^{\frac{l}{2}}(\varepsilon_0 + \varepsilon_u)\,s\,t\,\frac{1}{12\,000}\ \text{cm}$$

$$= \frac{1}{50{,}9}\cdot 32\,405\,\frac{1}{12\,000}\ \text{cm}$$

$$= \mathbf{0{,}0535\ cm.}$$

Die von Bach gemessene Einsenkung betrug **0,0595 cm**. Der errechnete Wert stimmt also mit der Messung ziemlich überein. Der Unterschied von 0,006 cm beruht (abgesehen von etwaigen Messungsfehlern) auf der Wirkung der Schubkräfte.

In nachstehender Arbeit ist von dieser Wirkung abgesehen. Näheres hierüber habe ich in meiner Studie: „Der Schubmodul des Betons", Zeitschr. Beton und Eisen, Jahrg. 1908, Heft 4, veröffentlicht.

Die Einsenkung läßt sich auch **graphisch** ermitteln. Bei gleicher Lamellenteilung t ergibt sich die Einsenkung aus Gl. 1 zu

$$f_b = t\sum_0^{\frac{l}{2}}\frac{(\varepsilon_0 + \varepsilon_u)}{h}\cdot s \quad \ldots \ldots \quad (2)$$

Der Ausdruck
$$\sum_0^{\frac{l}{2}} \frac{(\varepsilon_0 + \varepsilon_u)}{h} \cdot s$$

läßt sich bei konstantem h darstellen als Ordinate eines Seilpolygons mit den Gewichten $(\varepsilon_0 + \varepsilon_u)$ und der Polweite h (siehe später unter Abschnitt 6). Die Einsenkung f_b ist dann $t$mal größer als die graphisch gewonnene Strecke

$$\sum_0^{\frac{l}{2}} \frac{\varepsilon_0 + \varepsilon_u}{h} \cdot s.$$

Diese kann aber auch direkt als Einsenkung angesehen werden, wenn man sie, als im Maßstab $1:t$ gezeichnet, auffaßt. Da die Größen $(\varepsilon_0 + \varepsilon_u)$, h und s auch nicht in natürlicher Größe, sondern in gewissen Maßstäben M_ε, M_h und $M_s (= M_l)$ aufgezeichnet sind, so ergibt sich schließlich als Maßstab der Einsenkung

$$M_f = \frac{1}{t} \frac{M_\varepsilon \cdot M_l}{M_h} \quad \ldots \ldots \quad (3)$$

Ist die Höhe h des Balkens nicht konstant, so wird der Ausdruck

$$\sum_0^{\frac{l}{2}} \left(\frac{\varepsilon_0 + \varepsilon_u}{h}\right) \cdot s$$

dargestellt mit Hilfe eines Seilpolygons mit den Gewichten

$$\frac{\varepsilon_0 + \varepsilon_u}{h} (= \varphi)$$

und der Polweite 1. Wird statt 1 eine Polweite ϱ gewählt, so ergibt sich der Maßstab der Einsenkung zu

$$M_f = \frac{1}{t \cdot \varrho} \cdot M_\varphi \cdot M_l \quad \ldots \ldots \quad (4)$$

Das Seilpolygon selbst stellt die Biegelinie des Balkens dar.

Die graphische Methode wird bei den späteren Beispielen angewandt werden; zunächst soll gezeigt werden, wie die Werte ε_0 und ε_u für Eisenbetonbalken berechnet werden können. Hierzu muß vor allem die Formänderungskurve des Betons bekannt sein. Diese wird im nächsten Abschnitt aus Biegeversuchen mit Eisenbetonbalken abgeleitet werden.

2. Die Berechnung der Formänderungskurve des Betons.

Der Elastizitätsmodul des Betons ist nicht konstant, sondern veränderlich. Das elastische Verhalten des Betons läßt sich am einfachsten durch seine Formänderungskurve darstellen. Um diese zu erhalten, trägt man zu einer gewissen Beanspruchung σ des Betons als Abszisse die zugehörige Zusammendrückung resp. Dehnung ε der Längeneinheit in $m$facher Vergrößerung[1]) als Ordinate auf, wiederholt dies für verschiedene Beanspruchungen und verbindet die Punkte durch eine stetige Kurve, die Formänderungskurve (Fig. 6).

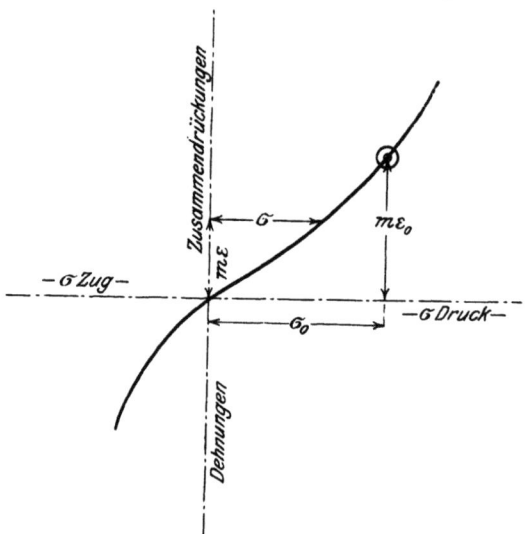

Fig. 6. Formänderungskurve.

Die zusammengehörigen Werte von σ und ε müssen durch Versuche bestimmt werden, entweder aus reinen Druck- oder Zugversuchen, oder besser, da es sich im vorliegenden Fall um Biegungsbeanspruchungen von Eisenbetonbalken handelt, aus Biegeversuchen mit solchen Balken.

Wenn die aus den beiden Versuchsmethoden erhaltenen Resultate nicht genau miteinander übereinstimmen, so ist dies nicht weiter verwunderlich, setzt doch die Theorie der Biegung das Ebenbleiben der Querschnitte, sowie völlig gleichmäßiges, homogenes Material voraus. Beim Eisenbetonbalken bringt aber nicht nur die Schubkraft, sondern auch die Haftkraft zwischen Eisen und Beton ein Nichtebenbleiben der Querschnitte hervor, und daß der Eisenbetonbalken kein homogenes, gleichmäßiges Material bedeutet, zeigen die bei Biegung auftretenden Wasserflecke und Risse im Beton.

Wenn daher die aus Biegeversuchen abgeleitete Formänderungskurve zum Teil nicht eigentlich richtig wäre, so ergibt sie doch

---

[1]) Ich wähle den Buchstaben m der Einfachheit halber an Stelle von M_ε.

bei Biegebeanspruchungen richtige Dehnungswerte (was für die Einsenkung allein in Betracht kommt), da sie die Fehler der Annahmen der Theorie der Biegung eliminiert, wenigstens bei Balken ähnlicher Dimensionen wie die Versuchsbalken.

Die schon genannten, von Bach vorgenommenen Messungen an Versuchsbalken ermöglichen die Berechnung der Formänderungskurven des Betons dieser Balken.[1])

Nehmen wir an, diese Kurve sei bekannt. Der Balken werde mit zwei Einzellasten $\frac{P}{2}$ belastet, wodurch zwischen den beiden Einzellasten ein gewisses, durchgehends gleiches Moment M entsteht. Die Dehnungen in Balkenober- und -Unterkante werden gemessen und betragen auf die Maßeinheit (1 cm) umgerechnet (statt 70 cm, was die Meßlänge betrug) ε_0 und ε_u. Da die Balkenquerschnitte bei Biegung als eben angenommen werden, so erhält das Balkenelement $ABCD$ von der Länge 1 die Form $ABFE$ (s. Fig. 7). Um die in einer beliebigen Faser vom Abstand e

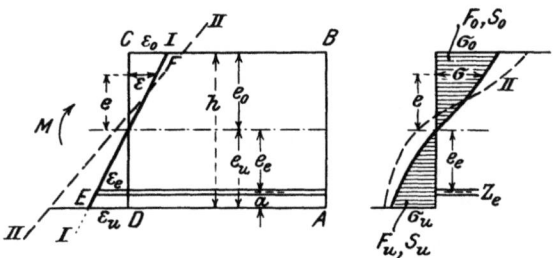

Fig. 7.   Fig. 8. Spannungskurve.

von der Neutralachse auftretende Biegungsspannung σ zu erhalten, entnehme ich der Fig. 7 die der Entfernung e entsprechende Zusammendrückung ε, gehe mit der $m$fachen Vergrößerung dieser Strecke, also mit $m \cdot \varepsilon$ in Fig. 6 als Ordinate ein, und entnehme die zugehörige Abszisse. Diese Abszisse stellt die Beanspruchung σ der Faser dar. Diese Größe σ trage ich noch in Fig. 8 ein, wiederhole diesen Vorgang für verschiedene Faserentfernungen e und erhalte somit in Fig. 8 die Spannungskurve. Wäre der Maßstab, in welchem der Balken in Fig. 7 gezeichnet ist, zufällig so gewählt, daß die Länge $m\varepsilon_0$ in Fig. 7 und 6 gleich der Länge e_0 in Fig. 7 wäre,

---

[1]) Ähnliche Messungen hat Wayß und Freitag 1902 und 1903 durch Bach ausführen lassen, die Resultate sind in Prof. Mörschs Buch „Der Eisenbetonbau" (S. 103 und 104) veröffentlicht. Die Formänderungskurve des Betons hat Prof. Mörsch durch Probieren zu finden gesucht (siehe S. 106 und 107).

so wäre die Spannungskurve der Fig. 8 genau die gleiche wie die Formänderungskurve (Fig. 6).

Ist die Fläche zwischen Spannungskurve und Ordinatenaxe (Fig. 8) gleich F_0 bzw. F_u, die statischen Momente dieser Flächen bezogen auf die Neutralachse S_0 und S_u, so ist bei einer Breite b des Eisenbetonbalkens die vom Beton aufgenommene Druckkraft $= b \cdot F_0$ und die Zugkraft $b F_u$.

Die Zugkraft Z_e des Eisens läßt sich aus der Dehnung ε_e des Eisens berechnen. Es ist

$$Z_e = f_e \cdot \varepsilon_e \cdot E_e \quad \ldots \ldots \ldots \quad (5)$$

(E_e Elastizitätsmodul des Eisens).

Die Dehnung ε_e ergibt sich (Fig. 7) zu

wobei

und

$$\left.\begin{aligned} \varepsilon_e &= \varepsilon_u \frac{e_e}{e_u}, \\ e_e &= e_u - a \\ e_u &= h \frac{\varepsilon_u}{\varepsilon_u + \varepsilon_0} \end{aligned}\right\} \quad \ldots \ldots \quad (6)$$

Die Größe Z_e ist somit bekannt.

Da die äußeren und inneren Kräfte, die auf den Balkenquerschnitt wirken, im Gleichgewicht sein müssen, so ergeben sich folgende Gleichgewichtsbedingungen:

Summe der horizontalen Kräfte $= 0$

$$b \cdot F_0 - b F_u - Z_e = 0 \quad \ldots \ldots \quad (7)$$

Summe der statischen Momente $= 0$

$$b S_0 + b \cdot S_u + Z_e \cdot e_e - M = 0 \quad \ldots \quad (8)$$

Erhält der Balken eine andere Belastung, so ergeben sich andere Dehnungen ε_0 und ε_u. Damit erhält der Balken eine andere Form II (Fig. 7). Die zugehörige Spannungskurve II ist in Fig. 8 gestrichelt eingezeichnet. Zu jeder Belastung gehört eine besondere Spannungskurve. Dies ist umständlich zu zeichnen, und läßt sich dadurch vermeiden, daß man den Maßstab, in dem der Balken gezeichnet wird, so verändert, daß immer e_0 durch eine der zugehörigen Belastungsstufe entsprechenden Strecke $m \varepsilon_0$ dargestellt wird. Damit ergibt sich als Spannungskurve immer die Formänderungskurve s. Fig. 9.

Bezeichnet man die in diesem Maßstab dargestellten Größen mit dem Index ′, so daß also (Fig. 9) unter Weglassung der Zeiger I resp. II

Die Berechnung der Formänderungskurve des Betons.

$$e_0' = m\varepsilon_0 \left(= e_0 \frac{m\varepsilon_0}{e_0}\right) \quad \ldots \quad (9)$$

so wird nach Fig. 7

$$e_u' = e_u \frac{m\varepsilon_0}{e_0} = m\varepsilon_u \quad \ldots \quad (10)$$

und

$$e_e' = e_e \frac{m\varepsilon_0}{e_0} = e_e \frac{m\varepsilon_e}{e_e}$$

also

$$e_e' = m\varepsilon_e \quad \ldots \quad (11)$$

ferner

$$h' = h \frac{m\varepsilon_0}{e_0} = e_0' + e_u' = m\varepsilon_0 + m\varepsilon_u \quad \ldots \quad (12)$$

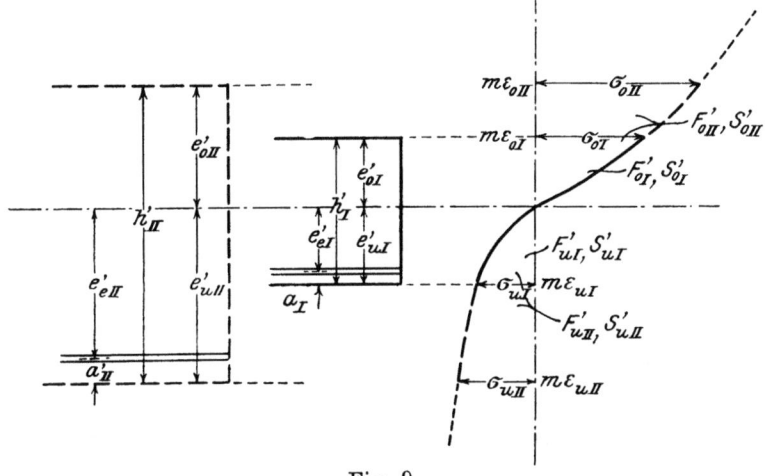

Fig. 9.

Da $h' = h \frac{m\varepsilon_0}{e_0}$, so läßt sich der Wert $\frac{m\varepsilon_0}{e_0}$ auch ersetzen durch $\frac{h'}{h}$, und es ist weiter

$$\left.\begin{aligned}
a' &= a \frac{m\varepsilon_0}{e_0} = a \frac{h'}{h}, \\
e_e' &= e_e \cdot \frac{h'}{h}, \\
F_o' &= F_o \frac{h'}{h}, \qquad F_u' = F_u \frac{h'}{h}, \\
S_o' &= S_o \left(\frac{h'}{h}\right)^2, \qquad S_u' = S_u \left(\frac{h'}{h}\right)^2
\end{aligned}\right\} \quad \ldots \quad (13)$$

und

$$M' = M \left(\frac{h'}{h}\right)^2$$

Multipliziere ich die Grundgleichungen (7) und (8) mit $\frac{h'}{h}$ resp. $\left(\frac{h'}{h}\right)^2$ durch, so erhalte ich

$$\left. \begin{array}{l} b\,F_0\,\dfrac{h'}{h} - b\,F_u\,\dfrac{h'}{h} - Z_e \cdot \dfrac{h'}{h} = 0 \\[2mm] b\,S_0\,\left(\dfrac{h'}{h}\right)^2 + b\,S_u\,\left(\dfrac{h'}{h}\right)^2 + Z_e \cdot \dfrac{h'}{h} \cdot e_e \cdot \dfrac{h'}{h} - M\left(\dfrac{h'}{h}\right)^2 = 0 \end{array} \right\}$$

Bezeichne ich den Wert $Z_e \cdot \dfrac{h'}{h}$ mit Z_e', so ergibt sich, indem ich zugleich mit b durchdividierte:

$$\left. \begin{array}{l} F_0' - F_u' - \dfrac{Z_e'}{b} = 0 \\[2mm] S_0' + S_u' + \dfrac{Z_e'}{b} \cdot e_e' - \dfrac{M'}{b} = 0 \end{array} \right\} \quad \ldots \quad (14)$$

$Z_e' = Z_e \cdot \dfrac{h'}{h} = f_e \cdot \varepsilon_e \cdot E_e \cdot \dfrac{h'}{h}$. (Nach Gl. 5.) Nun ist (nach Gl. 11)

$$\varepsilon_e = \frac{e_e'}{m},$$

somit

$$Z_e' = f_e \cdot \frac{e_e'}{m} \cdot E_e \cdot \frac{h'}{h} = f_e \cdot \frac{h'}{h} \cdot e_e' \cdot \frac{E_e}{m} \quad \ldots \quad (15)$$

wobei

$$e_e' = e_u' - a' \ldots \ldots \ldots \ldots (16)$$

Z_e' ist somit bekannt und die beiden Gleichgewichtsbedingungen enthalten, da in Wirklichkeit die Formänderungskurve nicht bekannt, noch vier Unbekannte F_0', F_u', S_0', S_u'.

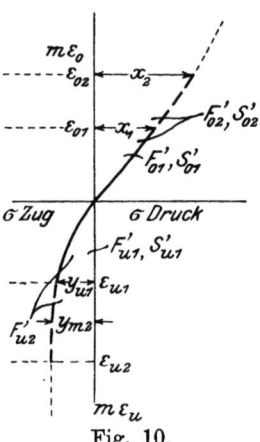

Fig. 10.

Für eine erste Berechnung dieser Größen läßt sich annehmen, daß auf Druckseite die Fläche F_0' als Dreieck berechnet werden kann mit den Seiten $m\varepsilon_0$ und der unbekannten verglichenen Seite x (siehe Fig. 10). Der Schwerpunkt von F_0' liegt in zwei Drittel der Höhe.

Entsprechend kann bei den anfänglichen Belastungsstufen die Fläche F_u' als Dreieck mit den Seiten $m\varepsilon_u$ und y_u angesehen werden.

Bei höheren Belastungsstufen muß aber die Fläche F_u' in ein Dreieck und mehrere Trapeze zerlegt werden.

Die Berechnung der Formänderungskurve des Betons.

Den Schwerpunkt des bei der nächst höheren Belastungsstufe neu hinzukommenden Trapezes nehmen wir in halber Trapezhöhe an und führen als Unbekannte die Mittellinie des Trapezes y_m ein.

Wir erhalten somit nachstehende Werte — wobei der Einfachheit halber $m\varepsilon$ durch ε ersetzt ist — (siehe Fig. 10).

$$F'_{o1} = \frac{\varepsilon_{01} \cdot x_1}{2}, \quad S'_{o1} = \frac{\varepsilon_{01} \cdot x_1}{2} \cdot \frac{2}{3}\varepsilon_{01} = \frac{\varepsilon_{01}^2 \cdot x_1}{3}$$

$$F'_{u1} = \frac{\varepsilon_{u1} \cdot y_{u1}}{2}, \quad S'_{u1} = \frac{\varepsilon_{u1}^2 \cdot y_{u1}}{3}$$

ferner

$$F'_{o2} = \frac{\varepsilon_{02} \cdot x_2}{2}, \quad S'_{o2} = \frac{\varepsilon_{02}^2 \cdot x_2}{3}$$

$$F'_{u2} = F'_{u1} + (\varepsilon_{u2} - \varepsilon_{u1}) y_{m2}, \quad S'_{u2} = S'_{u1} + (\varepsilon_{u2} - \varepsilon_{u1}) y_{m2} \frac{\varepsilon_{u2} + \varepsilon_{u1}}{2}.$$

Die Gleichungen (14) gehen über in folgende Gleichungen:

Anfängliche Belastungsstufen:

$$\left. \begin{array}{l} \dfrac{\varepsilon_{01} \cdot x_1}{2} - \dfrac{\varepsilon_{u1} y_1}{2} - \dfrac{Z'_{e1}}{b} = 0 \\[2mm] \dfrac{\varepsilon_{01}^2 \cdot x_1}{3} + \dfrac{\varepsilon_{u1}^2 \cdot y_{u1}}{3} + \dfrac{Z'_{e1}}{b} e'_{e1} - \dfrac{M'_1}{b} = 0 \end{array} \right\} \quad . \quad . \quad (17)$$

Daraus x_1 und y_{u1} und durch weitere Rechnung F'_{o1}, F'_{u1}, S'_{o1}, S'_{u1}.

Höhere Belastungsstufen:

$$\left. \begin{array}{l} \dfrac{\varepsilon_{02} \cdot x_2}{2} - [F'_{u1} + (\varepsilon_{u2} - \varepsilon_{u1}) y_{m2}] - \dfrac{Z'_{e2}}{b} = 0 \\[2mm] \dfrac{\varepsilon_{02}^2 \cdot x_2}{3} + \left[S'_{u1} + (\varepsilon_{u2} - \varepsilon_{u1}) \dfrac{\varepsilon_{u2} + \varepsilon_{u1}}{2} y_{m2}\right] + \dfrac{Z'_{e2}}{b} \cdot e'_{e2} - \dfrac{M'_2}{b} = 0 \end{array} \right\}$$
$$\text{usw.} \qquad\qquad\qquad (18)$$

Beispiel: Berechnung der Formveränderungskurve des Betons bei Balken Nr. 48 nach Bach-Fig. 77 (s. Fig. 11 und Fig. 12).

Die genauen Maße des Balkens waren:

Höhe 30,37 cm, Breite 15,11 cm, Eiseneinlage drei Rundeisen von ca. 1 cm Durchmesser und zusammen 2,33 qcm Querschnittsfläche, Abstand des Schwerpunktes der Eiseneinlagen von Balkenunterkante

$$1,2 + \frac{1,0}{2} = 1,7 \text{ cm};$$

die Meßlänge, auf welcher die Dehnungen und Verkürzungen gemessen wurden, betrug 70 cm.

Die Untersuchung ergab, daß für Belastungen bis 2000 kg nach den für anfängliche Belastungsstufen angegebenen Gl. 17 gerechnet werden konnte, bei 2500 kg aber nach Gl. 18 gerechnet werden mußte.

Bach hat gemessen:

1. Belastung 2000 kg, Zusammendrückung der Oberkante 1,14, Dehnung der Unterkante 1,06.

2. Belastung 2500 kg, Zusammendrückung der Oberkante 1,43, Dehnung der Unterkante 1,47.

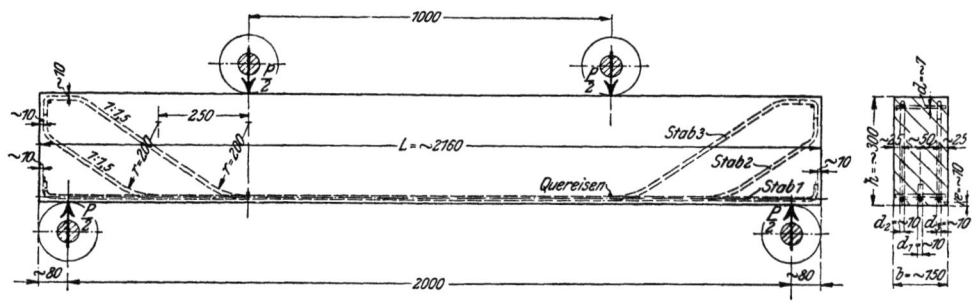

Fig. 11. Balken Nr. 48 (Bach-Fig. 77).

Diese Zahlen bedeuten $1/200$ cm bei einer Meßlänge von 70 cm. Nehmen wir die ε in 100000facher Vergrößerung ($m = 100000$), so müssen wir die obigen Werte zur Einführung in unsere Rechnung mit $\dfrac{100\,000}{200 \cdot 70}$ multiplizieren und erhalten so:

1. Belastungsstufe 2000 kg, $m\varepsilon_{o1}$ oder $\varepsilon_{o1} = 8,14$ $\quad \varepsilon_{u1} = 7,57$.

2. Belastungsstufe 2500 kg, $\varepsilon_{o2} = 10,2$ $\quad \varepsilon_{u2} = 10,5$.

1. Belastungsstufe 2000 kg.

Biegungsmoment $M_1 = \dfrac{2000}{2} \cdot 50 = 50\,000, \quad \dfrac{M_1}{b} = \dfrac{50000}{15,11} = 3309.$

Nach Gl. 9 bis 16 wird

$$e'_{o1} = m\,\varepsilon_{o1} \text{ oder } \varepsilon_{o1} = 8,14$$
$$e'_{u1} = m\,\varepsilon_{u1} \text{ oder } \varepsilon_{u1} = 7,57$$
$$\overline{\phantom{e'_{u1} = m\,\varepsilon_{u1} \text{ oder } \varepsilon_{u1} = 7,57}\;h'_1 = 15,71,}$$

$$\frac{h'_1}{h} = \frac{15,71}{30,37} = 0,517$$

$$\frac{M'_1}{b} = 3309 \cdot 0,517^2 = 884,$$

Additional material from *Berechnung der Einsenkung von Eisenbetonplatten und Plattenbalken,* ISBN 978-3-662-42803-0, is available at http://extras.springer.com

Die Berechnung der Formänderungskurve des Betons.

$$a_1' = a \cdot \frac{h_1'}{h} = 1{,}7 \cdot 0{,}517 = 0{,}88$$

$$e'_{e\,1} = e'_{u\,1} - a_1' = 7{,}57 - 0{,}88 = 6{,}69,$$

$$\frac{Z'_{e\,1}}{b} = \frac{f_e}{b} \cdot \frac{h_1'}{h} \cdot e'_{e\,1} \cdot \frac{E_e}{m} = \frac{2{,}33}{15{,}11} \cdot 0{,}517 \cdot 6{,}69 \cdot \frac{2\,100\,000}{100\,000} = 11{,}2$$

(Elastizitätsmodul des Eisens E_e zu $2\,100\,000$ angenommen).

Durch Einsetzen der Werte in Gl. 17 erhält man:

$$\left.\begin{aligned}\frac{8{,}14}{2}\,x_1 - \frac{7{,}57}{2}\,y_{u\,1} - 11{,}2 &= 0 \\ \frac{8{,}14^2}{3}\,x_1 - \frac{7{,}57^2}{3}\,y_{u\,1} + 11{,}2 \cdot 6{,}69 - 884 &= 0.\end{aligned}\right\}$$

Daraus
$$x_1 = 20{,}3, \quad y_{u\,1} = 18{,}9$$

und
$$F_{0\,1}' = \frac{8{,}14}{2} \cdot 20{,}3 = 82{,}6 \quad S_{0\,1}' = \frac{8{,}14^2}{3}\,20{,}3 = 448,$$

$$F_{u\,1}' = \frac{7{,}57}{2}\,18{,}9 = 71{,}5 \quad S_{u\,1}' = \frac{7{,}57^2}{3}\,18{,}9 = 361$$

2. Belastungsstufe 2500 kg.

$$M_2 = \frac{2500}{2} \cdot 50 = 62\,500, \quad \frac{M_2}{b} = 4136.$$

$$e'_{0\,2} = \varepsilon_{0\,2} = 10{,}2$$
$$e'_{u\,2} = \underline{\varepsilon_{u\,2} = 10{,}5}$$
$$h_2' = 20{,}7$$

$$\frac{h'}{h} = \frac{20{,}7}{30{,}37} = 0{,}6816.$$

$$\frac{M_2'}{b} = 4136 \cdot 0{,}6816^2 = 1921,$$

$$a_2' = 1{,}7 \cdot 0{,}6816 = 1{,}16,$$

$$e'_{e\,2} = 10{,}5 - 1{,}16 = 9{,}34,$$

$$\frac{Z'_{e\,2}}{b} = \frac{2{,}33}{15{,}11} \cdot 0{,}6816 \cdot 9{,}34 \cdot \frac{2\,100\,000}{100\,000} = 20{,}6.$$

Durch Einsetzen dieser Werte in Gl. 18 erhält man:

$$\left.\begin{array}{l}\dfrac{10,2}{2} x_2 - [71,5 + (10,5 - 7,57) y_{m2}] - 20,6 = 0, \\[2mm] \dfrac{10,2^2}{3} x_2 + \left[361 + (10,5 - 7,57) y_{m2} \dfrac{10,5 + 7,57}{2}\right] \\[2mm] + 20,6 \cdot 9,34 - 1921 = 0.\end{array}\right\}$$

Daraus
$$x_2 = 27,2, \quad y_{m2} = 16,0 \text{ usw.}$$

Die Werte sind in Fig. 12 Formänderungskurve für Balken 48 eingezeichnet.

Dieselbe Rechnung wird für die folgenden Belastungsstufen wiederholt, bei den höchsten Belastungsstufen (von 4500 kg ab) muß schließlich auch F_0' in Dreieck und Trapeze geteilt werden. Die errechneten Punkte werden durch eine stetige Kurve verbunden. Die durch die Annäherungsannahmen gemachten Fehler können durch Nachrechnen beliebig vermindert werden.

Die angegebene Methode läßt sich durch einfache Erweiterung auch auf Plattenbalken anwenden.

3. Die Eigenschaften der Formänderungskurve des Betons.

Nach der in Abschn. 2 angegebenen Methode habe ich die Formänderungskurve der nachstehenden von Bach untersuchten Balken berechnet und in den Figuren 11 bis 27 dargestellt:[1]

1. Balken 66 und 69 nach Bach-Fig. 84 (s. Fig. 13 bis 15):
   Höhe 30 cm, Breite 20 cm, ohne Eiseneinlagen.
2. Balken 16 und 35 nach Bach-Fig. 2 in Heft 39 und Bach-Fig. 70 in Heft 45 bis 47 (s. Fig. 16 bis 19),
   Höhe 30 cm, Breite 20 cm, Eiseneinlagen 1 Rundeisen von 2,5 mm ϕ, d. h. 0,55 °/₀ Eisenarmierung.
3. Balken 40 und 48 nach Bach-Fig. 77 (s. Fig. 11, 12 und 20).
   Höhe 30 cm, Breite 15 cm, Eiseneinlagen 3 Rundeisen von 1 cm ϕ, d. h. 0,52 °/₀ Armierung.

---

[1] Die angegebenen Nummern der Balken beziehen sich auf die Veröffentlichungen Bachs in den Mitteilungen über Forschungsarbeiten, Heft 39 und 45 bis 47. Die diesen Heften entnommenen Figuren sind unter ihrer dortigen Nummer unter der Bezeichnung Bach-Fig. angeführt.

Die Eigenschaften der Formänderungskurve des Betons. 15

4. Balken 64 und 65 nach Bach-Fig. 80 (s. Fig. 22 bis 24).
Höhe 30 cm, Breite 20 cm, Eiseneinlagen 3 Rundeisen von 1,8 cm ϕ, d. h. 1,25 °/₀ Armierung.

5. Plattenbalken 82 und 85 nach Bach-Fig. 228 (s. Fig. 25 bis 27).

6. Zum Vergleich sind auch die Formänderungskurven der zentrisch gedrückten bzw. gezogenen Körper 6 und 4, bzw. 7 und 8 gezeichnet (s. Fig. 28 und 29).

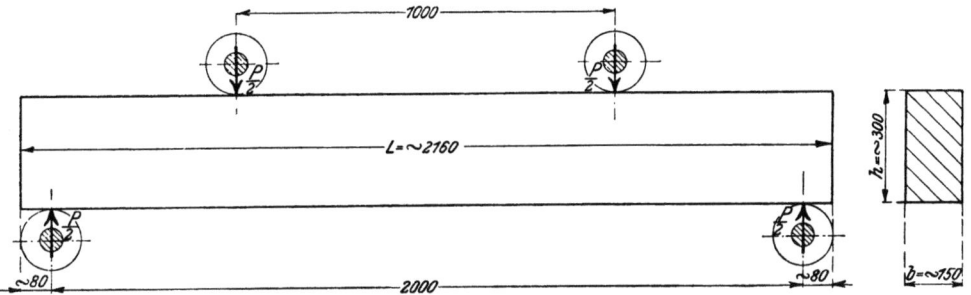

Fig. 13. Balken 66 und 69 (Bach-Fig. 84).

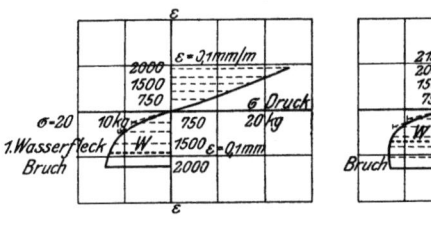

Fig. 14. Balken 66 nach Fig. 13.

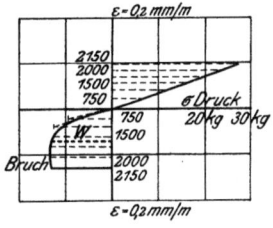

Fig. 15. Balken 69 nach Fig. 13.

Bei der Rechnung ist durchweg der Elastizitätsmodul des Eisens mit $E_e = 2\,100\,000$ eingeführt. Die verschiedenen Eisen werden aber wahrscheinlich mehr oder weniger von diesem Wert abweichen. Diese Fehlerquelle spielt, wie später gezeigt wird, bei den Anfangsbelastungen keine Rolle, sie kommt aber bei den Höchstbelastungen für die Beurteilung der Mitwirkung des Betons auf Zugseite sehr in Betracht.

Vergleicht man die verschiedenen Formänderungskurven miteinander, so ergibt sich folgendes:

Auf Druckseite stimmen die Kurven der meisten Balken sehr gut miteinander überein, insbesondere auch mit der Kurve des zentrisch gedrückten Primas 4 (Fig. 29). Prisma 6 ist im Vergleich zu 4 ziemlich elastischer, wogegen sich Balken 40 (Fig. 20) im Vergleich zu den anderen Balken und Prismen wesentlich spröder verhält (bis zu 30 °/₀).

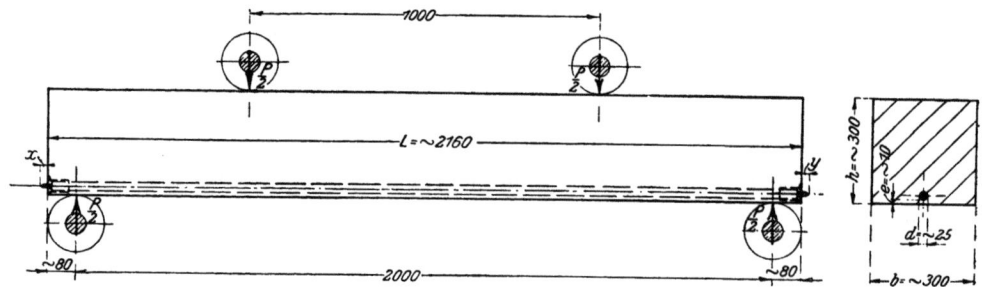

Fig. 16. Balken Nr. 16 nach Bach-Fig. 2.

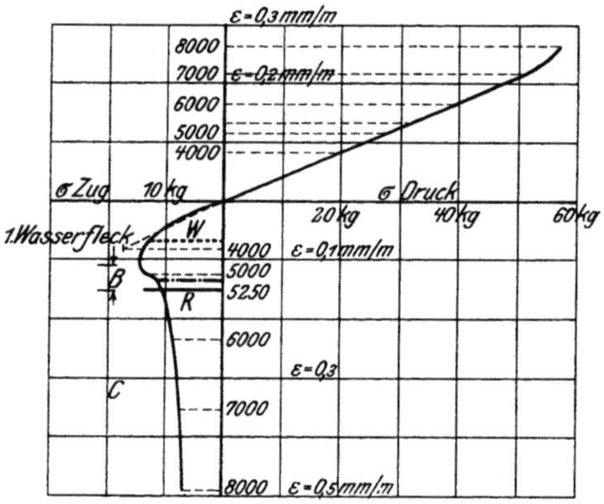

Fig. 17. Balken Nr. 16 nach Fig. 16.

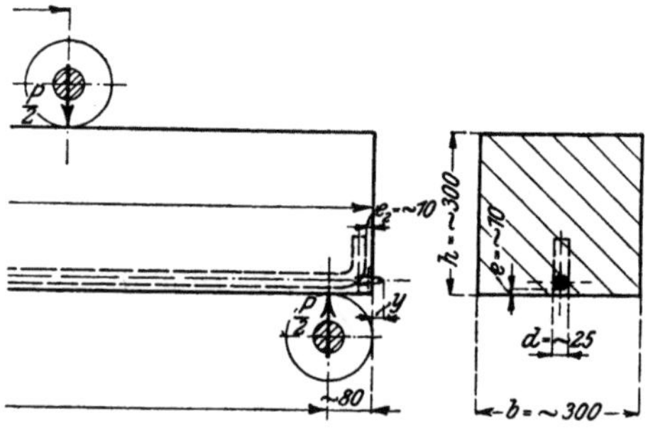

Fig. 18. Balken Nr. 35 nach Bach-Fig. 70. 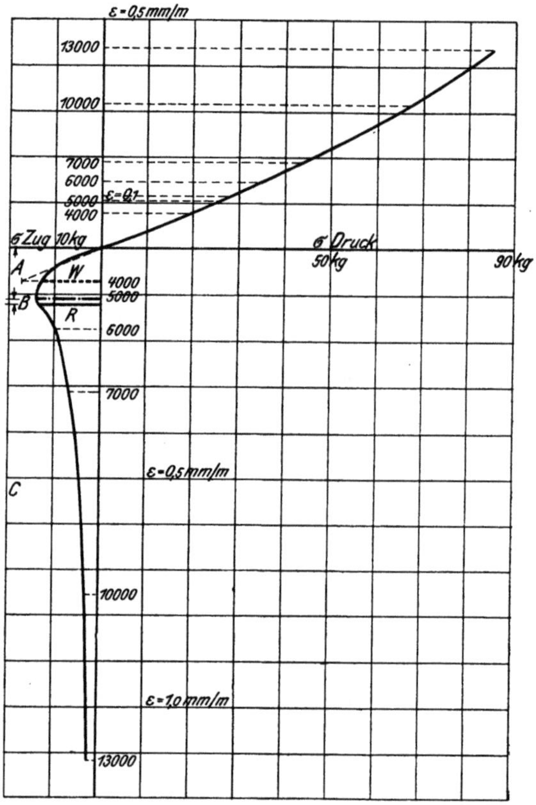　　Fig. 19. Balken Nr. 35 nach Fig. 18.

Auffallend ist die rasche Krümmung nach aufwärts, welche manche Balken nach Erreichung von ungefähr $\sigma = 60$ kg zeigen, und welche besonders bei den Balken 64 und 65 in Erscheinung tritt (s. Fig. 23 und 24). Ich halte es nicht für wahrscheinlich, daß das

Die Eigenschaften der Formänderungskurve des Betons. 17

zentrisch gedrückte Prisma bei weiterer Belastung dieselbe scharfe Krümmung zeigen wird, und glaube diese Erscheinung bei der Biegung aus dem Nichtebenbleiben der Querschnitte wie folgt ableiten zu können: Bei höheren Belastungsstufen treten auf Zugseite Risse im Beton auf. Würden die Querschnitte eben bleiben, so müßten die Risse bis zur Oberkante des Balkens gehen und die einzelnen Betonlamellen dürften sich nur noch an einem Punkt der Oberkante des

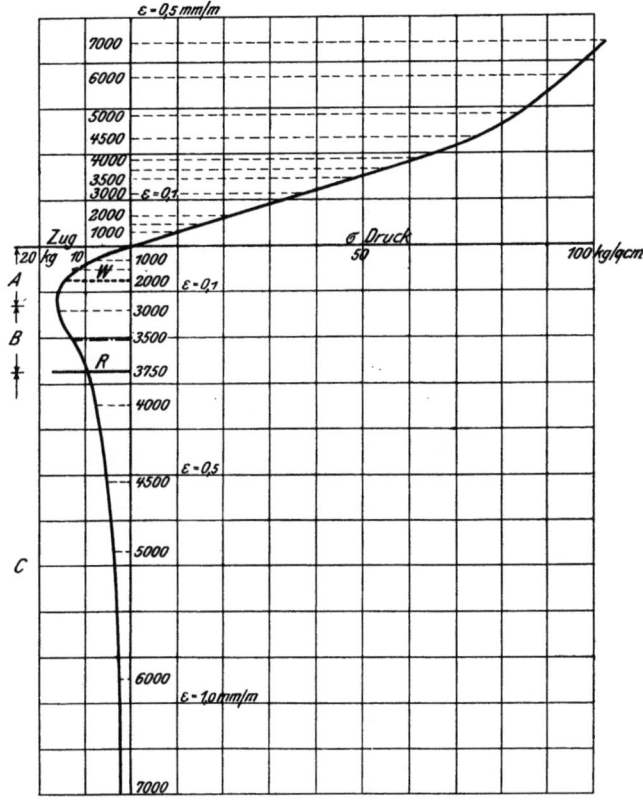

Fig. 20. Balken Nr. 40 nach Bach-Fig. 77 (s. Fig. 11).

Betons berühren. Die Druckspannung im Beton würde dann ∞ (s. Fig. 21). In Wirklichkeit ist dies nicht der Fall. Immerhin ist anzunehmen, daß an den, den Zugrissen gegenüberliegenden Stellen auf Druckseite höhere Druckbeanspruchungen erzeugt werden als in den Mitten zwischen diesen Punkten. Daß aber

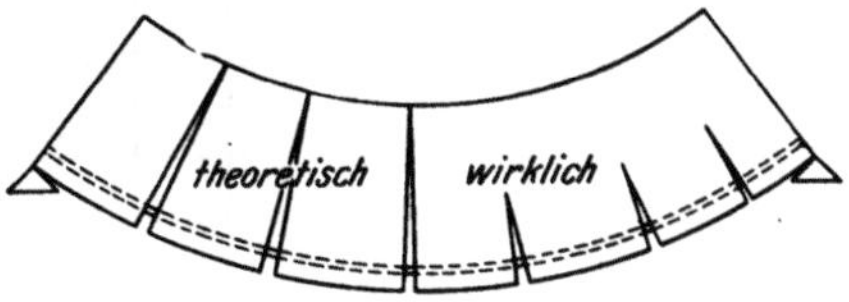

Fig. 21.

18 Die Eigenschaften der Formänderungskurve des Betons.

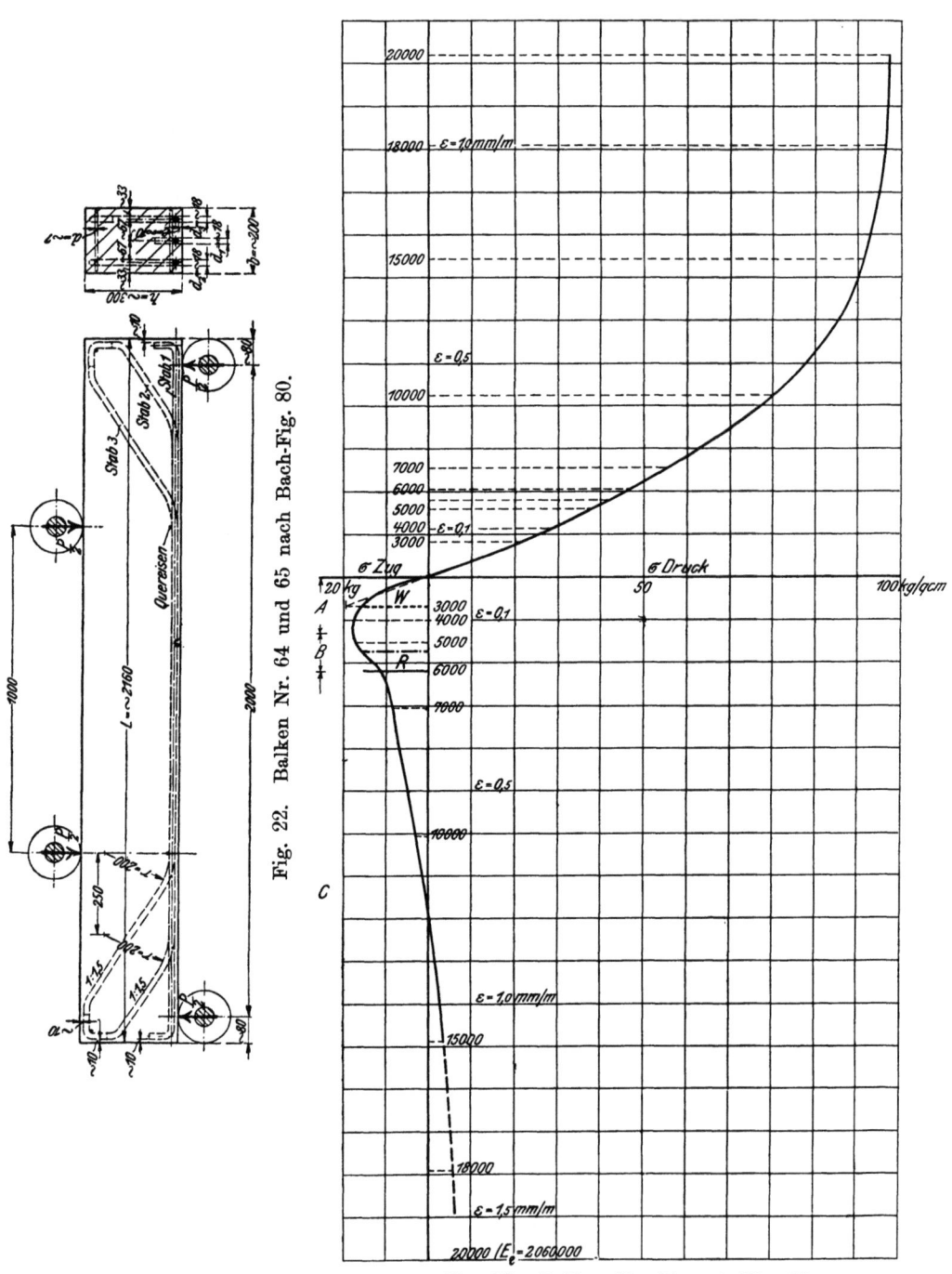

Fig. 22. Balken Nr. 64 und 65 nach Bach-Fig. 80.

Fig. 23. Balken Nr. 64 nach Fig. 22.

Die Eigenschaften der Formänderungskurve des Betons. 19

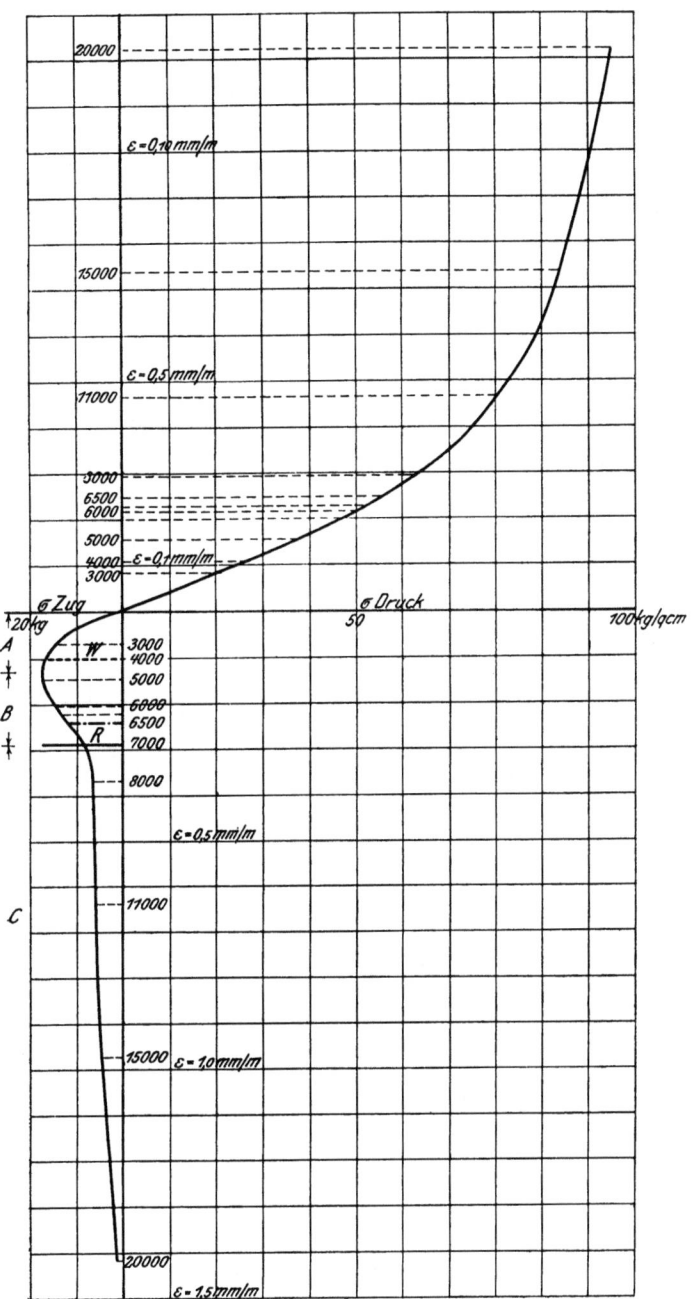

Fig. 24. Balken Nr. 65 nach Fig. 22.

2*

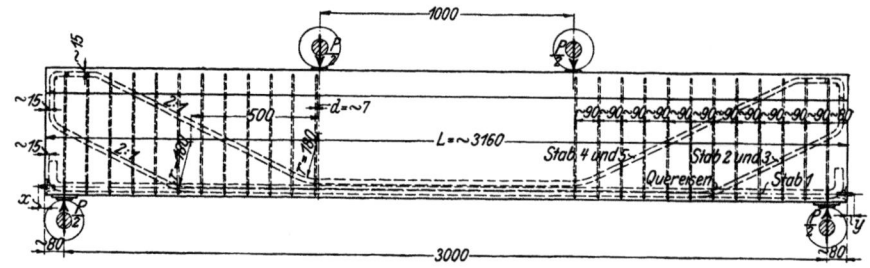

Fig. 25. Plattenbalken Nr. 82 und 85 nach Bach-Fig. 228.

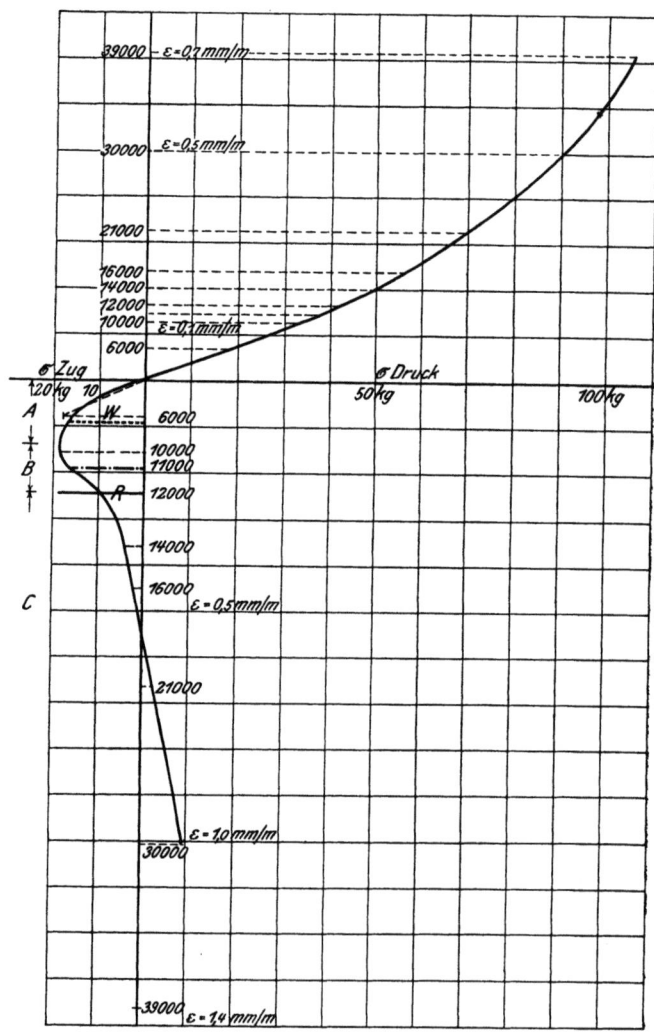

Fig. 26. Plattenbalken Nr. 82 nach Fig. 25.

Die Eigenschaften der Formänderungskurve des Betons. 21

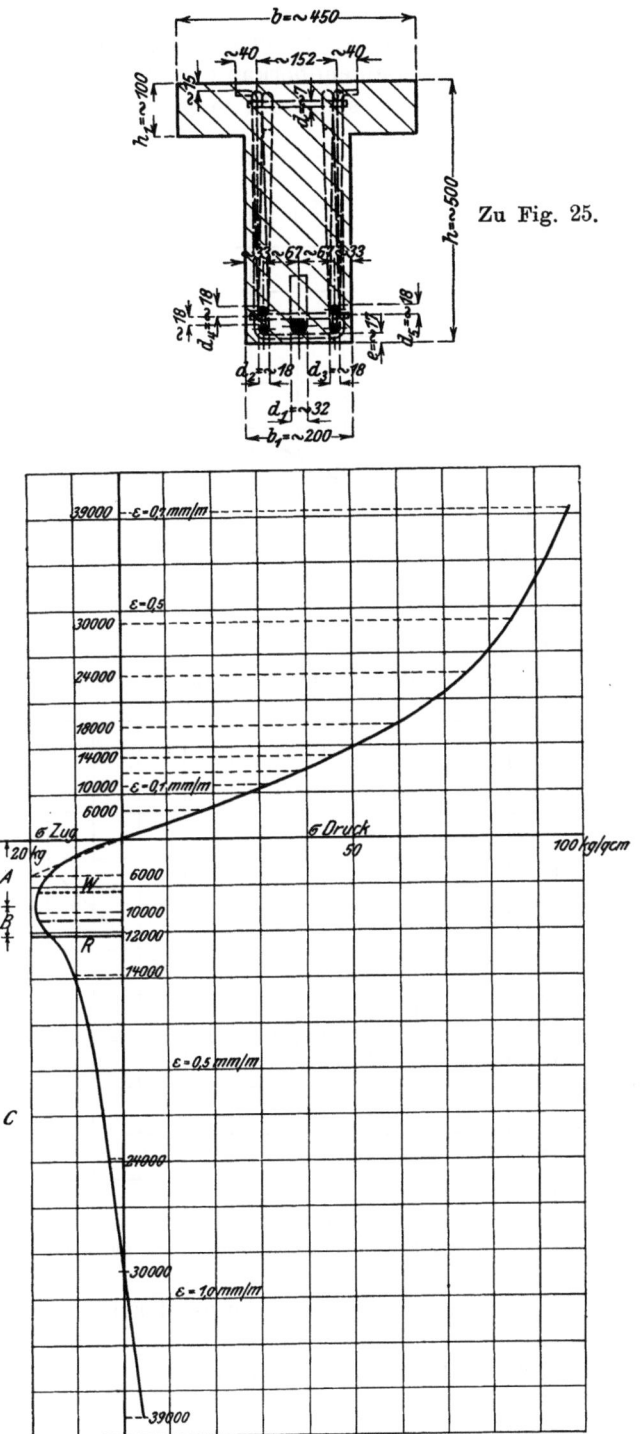

Zu Fig. 25.

Fig. 27. Plattenbalken Nr. 85 nach Fig. 25.

22   Die Eigenschaften der Formänderungskurve des Betons.

durch diese Unregelmäßigkeiten in der Druckspannung eine größere Zusammenpressung der Balkenoberkante hervorgerufen wird als durch einen Mittelwert, ließe sich wohl verstehen. Damit wäre auch

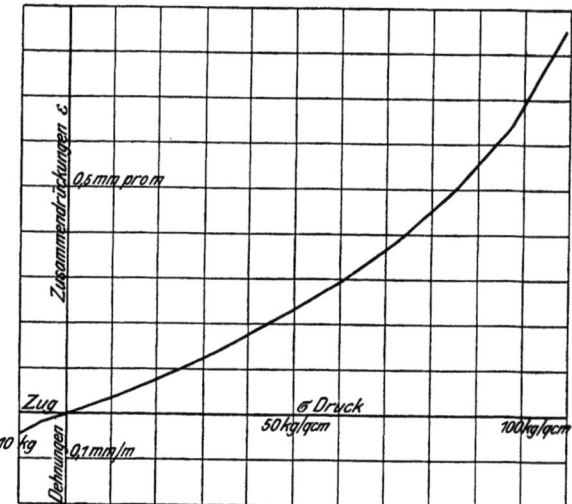

Fig. 28. Zentrisch gedrücktes Prisma 6. Zentrisch gezogenes Prisma 7.

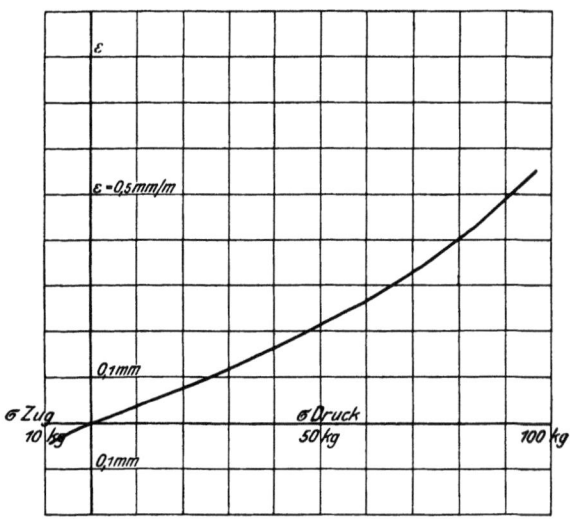

Fig. 29. Zentrisch gedrücktes Prisma 4. Zentrisch gezogenes Prisma 8.

die scharfe Aufwärtskrümmung der Formänderungskurve bei Biegung erklärt. Die aus dieser Kurve entnommenen Werte von σ würden somit nur noch Mittelwerte vorstellen.

Es wäre interessant, den Verlauf der Formänderungskurve des zentrisch gedrückten Prismas bei noch höheren Belastungsstufen zu kennen und Versuche mit noch stärker armierten Eisenbetonbalken anzustellen. Für die Praxis würden die Resultate allerdings wenig in Betracht kommen, da hier fast ausschließlich nur die $1/2\%$ Armierung angewandt wird.

Auf Zugseite lassen sich bei den Eisenbetonbalken drei Stadien unterscheiden:

Stadium A: Von Null bis zur Erreichung der höchsten Zugfestigkeit.

Die Kurven sehen sich sehr ähnlich und bilden ungefähr die Fortsetzung der aus den zentrisch gezogenen Prismen 7 und 8 abgeleiteten Formänderungskurven.

Diese Prismen ergaben Zugfestigkeiten von 13 kg/qcm. Einen ähnlichen Wert, 13 bis 14 kg, ergaben die nicht armierten Balken 66 und 69, (Fig. 13 bis 15) wogegen die Formänderungskurve der mit mehreren Eisen versehenen Eisenbetonbalken Abszissenwerte d. h. Spannungen resp. Festigkeiten bis zu 18 kg aufweist. Die höhere Festigkeit bei armierten Platten erklärt sich damit, daß bei den nicht armierten Körpern die angegebenen Festigkeitszahlen den Zugfestigkeiten an den schlechtesten Stellen der Körper entsprechen, während bei den armierten Körpern, bei welchen bei den Belastungen dieses Stadiums noch keine Risse vorhanden sind, die Mittelwerte der Zugfestigkeit auf die ganze Meßlänge der untersuchten Körper sich ergeben.

Daß Balken 16 und 35 (Fig. 16 bis 19) mit nur einer Eiseneinlage sich den nichtarmierten Balken nähern, ist verständlich.

Auch die Dehnungen bei gleicher Beanspruchung zeigen sich bei den armierten Balken verschieden von den nicht armierten, — die armierten Balken erscheinen spröder. Diese Erscheinung mag vielleicht ganz oder wenigstens bis zu einem gewissen Grad von der zufälligen Beschaffenheit des Betons abhängen, sie läßt sich aber auch auf andere Weise erklären: Werden die Balken Biegungsbeanspruchungen unterworfen, so zeigen sie lange vor dem Eintritt des Bruchs oder der ersten Risse auf Zugseite Wasserflecken (vgl. diese Beobachtungen und deren Erklärung bei Bach). (In den Figuren 11 bis 27 durch punktierte wagerechte Linie mit der Bezeichnung W dargestellt.) Diese Wasserflecken lassen auf eine Lockerung im Gefüge schließen, wodurch an diesen Stellen unverhältnismäßig große Dehnungen stattfinden. Ist der Balken armiert, so setzt der Gleitwiderstand zwischen Eisen und Beton der Lockerung Widerstand entgegen. Dies wird um so mehr der Fall sein, je kürzer die Strecke ist, auf welche sich der Beton selbst überlassen bleibt,

d. h. je näher die Eisen beieinander liegen. Die an den Wasserflecken entstehenden Zusatzdehnungen werden daher bei den nicht armierten Balken größer sein als bei den armierten. Erstreckt sich nun die Meßstreeke über mehrere Wasserflecke hinweg, so wird die gemessene Gesamtdehnung durch diese Zusatzdehnungen beeinflußt, und bei dem nicht armierten Balken entsprechend größer als bei dem armierten. Bei der Berechnung der Formänderungskurve aus den Dehnungen ergeben sich daher für die Spannungen bei den nicht armierten Balken kleinere Werte σ als bei den armierten. (Bei der Berechnungsmethode des Abschnitts 2 sind diese σ mit y_m benannt.) Umgekehrt erscheinen für gleiche Werte σ beim armierten Balken kleinere Dehnungen. Das elastische Verhalten des homogenen Betons (wenn ich den Beton, in dem noch keine Lockerungen eingetreten sind, so benenne) braucht also trotz der Verschiedenheit der Formänderungskurven nicht durch die Eiseneinlagen beeinflußt zu sein.

Die aus der Formänderungskurve entnommenen Spannungswerte sind wieder nur Mittelwerte.

Stadium B: Von der Erreichung der größten Zugfestigkeit bis zum Auftreten der ersten Risse im Beton. (In den Fig. 11 bis 27 sind die Risse durch eine wagerechte Linie mit der Bezeichnung R dargestellt. Die letzte Belastungsstufe, bei welcher noch kein Riß festgestellt werden konnte, ist jeweils durch eine strichpunktierte Wagerechte gekennzeichnet).

In diesem Stadium findet die Lockerung des Gefüges ihren Fortgang, nur gewinnen hier die Zusatzdehnungen an den Wasserflecken die Oberhand. Je geringer die Entfernung der Eisen voneinander und von den Rändern des Betonquerschnitts ist, um so länger wird eine übergroße Lockerung des Gefüges — aus welcher schließlich der Riß entsteht — hintangehalten (siehe Bach). Bei den Balken 16 und 35 (Fig. 16 bis 19) mit nur einer Eiseneinlage ist dieses Stadium denn auch der Ordinate nach auf ein Minimum zusammengeschrumpft, während die anderen armierten Körper mit mehreren Eiseneinlagen wesentlich größere Dehnungen vor dem Auftreten der ersten Risse zeigen.

Stadium C: Mitwirkung des Betons nach dem Auftreten von Zugrissen.

Nach dem Auftreten von Rissen im Beton üben die einzelnen zwischen den Rissen verbleibenden Betonteile auf die Dehnung des Eisens eine hemmende Wirkung aus, indem der Gleitwiderstand zwischen Beton und Eisen den Beton zu veranlassen sucht, die Dehnungen des Eisens mitzumachen. Die Abszissen der Formänderungskurve können nicht mehr als Spannungswerte des Betons angesehen werden.

Die Kurven verlaufen fast genau gleich bei allen Balken, nur der Körper 64 und die Plattenbalken (Fig. 23, 26, 27) scheinen eine Ausnahme zu machen. In Wirklichkeit ist die Abweichung nicht so schlimm, wie die Kurven scheinen lassen. Balken 64 zeigt z. B. bei Belastung $P = 18000$ kg eine Dehnung von 1,39 mm pro Meter Meßlänge ($m\varepsilon_u = 139$). Die Rechnung ergab für diese Belastungsstufe die Werte

$$\frac{Z_e'}{b} = 7430 \qquad \frac{Z_e'}{b} \cdot e_e' = 876000,$$

$$F_u' = 380 \qquad S_u' = 5800.$$

Dagegen ergibt die Formänderungskurve des Balkens 48, welche im nachfolgenden Abschnitt 4 ausführlich behandelt ist, bei der Dehnung $m\varepsilon_u = 139$ die Werte

$$F_u' = 794 \qquad S_u' = 31967.$$

(Siehe die dortige Tabelle II).

Der Unterschied der beiden Kurven ergibt für

$$F_u' \text{ eine Differenz} = 414 \qquad S_u' = 26167,$$

d. i. für

F_u' im Vergleich zu $\frac{Z_e'}{b}$ ein Betrag von 5,6 %,

für

S_u' im Vergleich zu $\frac{Z_e'}{b} \cdot e_e'$ ein Betrag von 3 %.

Das sind Abweichungen, welche allein von der Nichtübereinstimmung des Elastizitätsmoduls des verwendeten Eisens mit der Annahme $E_e = 2100000$ herrühren könnten, zum mindesten aber bei der Verschiedenheit des elastischen Verhaltens verschiedener Betonsorten nicht in Betracht kommen.

Bei den Plattenbalken kommt eine Abweichung des Elastizitätsmoduls von 2100000 zu erhöhtem Ausdruck, da die Armierung im Verhältnis zur Stegbreite wesentlich stärker ist als bei Balken 64. Außerdem fehlt für die Plattenbalken in den Veröffentlichungen von Bach die Angabe des genauen Abstandes der Eiseneinlage von der Balkenunterkante, so daß dieses Maß nur schätzungsweise eingeführt werden konnte. Ein Fehler in diesem Maße ist aber von erheblichem Einfluß auf die Zugseite der Formänderungskure, so daß die Abweichung der Plattenbalkenkurven geringfügig erscheint und sogar die ungefähre Übereinstimmung als glücklicher Zufall angesehen werden kann.

Bei häufiger Wiederholung höchster Belastungen (bei Erschütterungen) wird sich Teil C voraussichtlich stark ändern, da allmählich der Gleitwiderstand zwischen Beton und Eisen geringer werden wird, so daß die Mitwirkung des Betons auf Zugseite immer mehr abnimmt.[1])

4. Die Formänderungskurve des Balkens 48.
(Siehe Fig. 12).

Die in Praxis hauptsächlich vorkommenden Eisenbetonkonstruktionen sind die Platten und die Plattenbalken.

Die Platten zeigen meistens eine Dicke von 10 bis 20 cm und ca. 0,5 °/₀ Armierung bei einer Entfernung der Eisen von 7 bis 12 cm voneinander. Die von Bach untersuchten Balken mit $1/2$ °/₀ Armierung haben eine Höhe von 30 cm und eine Eisenentfernung von 5 cm. Die Formänderungskurve der Platten wird daher wegen der größeren Entfernung der Eisen voneinander etwas kleinere Abszissen in den Stadien A und B der Zugseite aufweisen. Auch ist es nicht ausgeschlossen, daß die Balkenhöhe oder das Verhältnis der Balkenhöhe zum Abstand der Eisen von der Plattenunterkante einen Einfluß auf die Formänderungskurve ausübt. Von praktischer Bedeutung werden diese Einflüsse im Vergleich zur Veränderlichkeit der Elastizität verschiedener Betonsorten nicht sein, so daß ich für die nachfolgend berechneten Beispiele die Formänderungskurve des Balkens 48 zugrunde lege.

Diese Kurve stimmt auch mit derjenigen der Plattenbalken Nr. 85 und 86 in den Stadien A und B ziemlich genau überein. In den Plattenbalken der Praxis ist zwar die Entfernung der Eisen voneinander meistens kleiner als in den Probebalken; dieser Einfluß auf die Formänderungskurve wird aber nicht bedeutend werden, und kommt — ebensowenig wie eine Abweichung im Stadium C — praktisch nicht in Betracht, da die Stegbreite im allgemeinen sehr gering ist, $1/6$ bis $1/15$ der Plattenbreite.

Für die Rechnung ist es von Wert, die zu den einzelnen Dehnungen und Beanspruchungen gehörigen Werte F_0', F_u', S_0', S_u' zu kennen.

Diese sind für den Balken 48 berechnet und in Tabelle II zusammengestellt.

---

[1]) In meinem Aufsatz: Das elastische Verhalten des Betons bei Biegebeanspruchungen von Eisenbetonbalken (in Heft 2 der Zeitschr. „Beton und Eisen", 1908) hatte ich den Schluß gezogen, daß im Stadium C die Mitwirkung des Betons bei wachsender prozentualer Armierung geringer würde. Damals hatte ich nur die Kurven der Balken (16), 48, 64 und 85 berechnet gehabt. Von dieser Ansicht bin ich inzwischen abgekommen.

Die Formänderungskurve des Balkens 48.

Tabelle II. Formänderungskurve des Balkens 48 (s. Fig. 12).

	Druckseite				Zugseite.		
ε_0 in $\frac{1}{100000}$ cm/cm	σ-Druck in kg/qcm	F_0'	S_0'	ε_u in $\frac{1}{100000}$ cm/cm	σ-Zug in kg/qcm	F_u'	S_u'
1	3,0	1,5	1	1	3,0	1,5	1
2	5,8	5,9	8	2	5,8	5,9	8
3	8,4	13,0	25	3	8,4	13,0	26
4	11,0	22,7	59	4	10,6	22,5	59
5	13,6	35,0	117	5	12,2	33,9	110
6	16,0	49,8	192	6	13,7	46,8	182
7	18,4	67,0	300	7	14,8	61,0	274
8	20,8	86,1	445	8	15,8	76,3	389
9	23,2	108	624	9	16,5	92,5	527
10	25,6	133	883	10	17,0	109,3	687
12	30,4	189	1 500	15	17,5	197	1 780
14	35,2	254	2 354	20	14,5	278	3 192
16	39,8	329	3 480	25	10,4	339	4 561
18	44,4	413	4 913	30	9,2	388	5 898
20	49,0	507	6 689	40	7,8	472	8 826
22	53,4	609	8 840	50	6,7	544	12 063
24	57,8	720	11 400	60	5,5	600	15 143
26	61,5	840	14 371	70	4,5	650	18 393
28	65,3	966	17 795	80	3,6	690	21 393
30	68,5	1100	21 675	90	2,8	722	24 113
32	71,5	1240	25 995	100	2,1	747	26 488
34	74,0	1386	30 797	110	1,6	765	28 378
36	76,5	1536	36 064	120	1,2	779	29 988
38	79,0	1692	41 817	130	0,8	789	31 238
40	81,5	1852	48 107	140	0,4	795	32 048
42	83,8	2017	54 884	150	0,2	798	32 484
44	86,0	2188	62 184	160	0	800	32 648
46	88,0	2361	70 014				
48	90,0	2539	78 380				
50	92,0	2721	87 299				
52	93,8	2907	96 775				
54	95,4	3096	106 803				
56	97,0	3289	117 385				
58	98,4	3484	128 523				
60	99,7	3682	140 211				
62	101,0	3883	152 454				
64	102,3	4086	165 262				
66	103,6	4292	178 646				

Die Zahleneinheiten der Tabelle bedeuten für die Beanspruchungen σ den Wert 1 kg/qcm,

für die Zusammendrückungen ε_0 und Dehnungen ε_u den Wert $\dfrac{1}{100\,000}$ cm pro 1 cm Meßlänge.

Die Maßeinheit der Zeichnung der Formänderungskurve 48 in Fig. 12 ist **1 mm**.

1 mm Abszisse bedeutet eine Beanspruchung $\sigma = 1$ kg/qcm.

1 mm Ordinate bedeutet eine Zusammendrückung oder Dehnung

$$\varepsilon = \frac{1}{100\,000} \text{ cm/cm}.$$

Die Zahleneinheit der F_0' und F_u' in der Tabelle ist in der Zeichnung durch 1 qmm dargestellt.

Um zu zeigen, wie weit sich die Werte der Kurve mit den Beobachtungen an dem untersuchten Balken decken, habe ich für die von Bach bei den verschiedenen Belastungsstufen beobachteten Dehnungen die zugehörigen Werte F_0', S_0', F_u', S_u' aus der Tabelle II entnommen, die Werte $\dfrac{Z_e'}{b}$ und $\dfrac{Z_e'}{b} \cdot e_e'$, sowie M' berechnet und die Resultate in Tabelle III eingetragen.

Tabelle III. Die Verteilung der Kräfte im Balken 48.

1 Belastung	2 F_u'	3 $\dfrac{Z_e'}{b}$	4 $F_u' + \dfrac{Z_e'}{b} =$	= 5 F_0'	6 S_u'	7 $\dfrac{Z_e'}{b} \cdot e_e'$	8 S_0'	9 $S_u' + \dfrac{Z_e'}{b} \cdot e_e' + S_0'$	= 10 M'
2000	69	11	80	89	344	75	472	891	894
2500	118	21	139	138	777	192	940	1 909	1 920
3000	183	37	220	220	1 580	463	1 875	3 918	3 960
3500	284	73	357	366	3 306	1 324	4 088	8 718	8 750
3600	323	94	417	413	4 167	1 980	4 913	11 060	11 200
3750	367	128	495	507	5 300	3 200	6 689	15 189	15 100
4500	584	484	1068	1080	14 300	25 300	21 100	60 700	60 900
5500	722	1140	1862	1885	24 000	93 600	49 460	167 060	167 000
6500	777	1936	2713	2700	29 700	210 000	86 400	325 400	327 000
8000	800	3540	4340	4343	32 650	522 000	182 000	736 650	736 000

Man ersieht, daß die Werte der Spalten 4 und 5, die einander gleich sein sollten, nur ganz wenig voneinander abweichen. Dasselbe ist bei den Werten der Spalten 9 und 10 der Fall, die Formänderungskurve gibt also die Beobachtungsresultate ziemlich genau wieder.

Die Tabelle III gewährt einen interessanten Einblick in die Kräfteverteilung im Eisenbetonbalken.

Bei Belastung 2500 kg zeigt die Tabelle:

$$F_u' = 118, \quad \frac{Z_e'}{b} = 21,$$

der Beton übernimmt also die 5,6fache Zugkraft des Eisens; bei Belastung 8000 kg betragen diese Werte:

$$F_u' = 800, \quad \frac{Z_e'}{b} = 3540,$$

der Beton übernimmt nur noch $\frac{1}{4,5}$ der Zugkraft des Eisens.

Was das statische Moment, bezogen auf die Neutralachse, anbetrifft, so ergibt die Belastung 2500 ein

$$S_u' = 777. \quad \frac{Z_e'}{b} \cdot e_e' = 192,$$

der Beton übernimmt also das vierfache des Eisens, dagegen lauten diese Werte bei Belastung 8000:

$$S_u' = 32\,650 \quad \text{und} \quad \frac{Z_e'}{b} \cdot e_e' = 522\,000,$$

der Beton übernimmt nur noch $\frac{1}{16} = 6,2\,{}^0/_0$ des Betrags des Eisens.

Aus diesen Ausführungen geht hervor, daß eine geringe Abweichung des Elastizitätsmoduls des verwendeten Eisens von dem der Rechnung zugrunde gelegten Wert $E_e = 2\,100\,000$ bei den anfänglichen Belastungsstufen nur von unbedeutendem Einfluß sein wird, bei den höchsten Belastungsstufen aber eine wesentliche Rolle spielt.

5. Berechnung der Zusammendrückungen ε_0 und Dehnungen ε_u bei einer Eisenbetonplatte von gegebenen Größenabmessungen.

Diese Aufgabe läßt sich nur durch Probieren, allerdings in sehr einfacher Weise, lösen: Zu einem gewissen ε_u wird das zugehörige ε_0 geschätzt und nachgesehen, ob die beiden Werte der Gl. 14

$$F_u' + \frac{Z_e'}{b} = F_0'$$

genügen. Ist dies nicht der Fall, so wird für ε_0 ein anderer Wert gewählt, so lange bis diese Gleichung erfüllt ist. Hierauf wird das

Moment bestimmt, welches diesen Werten ε_u und ε_0 entspricht mit Hilfe der Gl. 14 bzw. 13:

$$\frac{M'}{b} = S_0' + S_u' + \frac{Z_e'}{b} \cdot e_e'$$

und

$$M = M' \left(\frac{h}{h'}\right)^2.$$

Diese Rechnung wird für verschiedene Werte ε_u durchgeführt, und schließlich werden die errechneten Größen graphisch dargestellt, indem die Momente auf einer Senkrechten und die zugehörigen ε_0 und ε_u auf Wagrechten aufgetragen werden. Die erhaltenen Punkte werden durch eine stetige Kurve verbunden, und man kann zu beliebigem Moment die zugehörigen Werte von ε_u und ε_0 abgreifen (s. später Fig. 31, Fig. oben links).

Zur weiteren Erläuterung wähle ich ein Beispiel: Eine frei aufliegende Platte von 3,0 m lichter Weite soll für eine Gesamtlast von 700 kg/qm berechnet und untersucht werden.

Das Moment in der Balkenmitte ist

$$M = \frac{q\,l^2}{8} = \frac{700 \cdot 3^2}{8} \cdot 100 = 79\,000 \text{ cmkg}.$$

Bei einer zulässigen Beanspruchung von $\sigma_b = 30$ kg, $\sigma_e = 1000$ kg ergibt sich nach der Rechnungsweise der preußischen ministeriellen Vorschriften ein notwendiges

$$h - a = 14 \text{ cm}$$
$$f_e = 6,45 \text{ qcm}.$$

Es werden als Armierung Rundeisen von 0,8 cm ϕ in Entfernungen 7,8 cm voneinander gewählt. Für a wird 1,5 cm angenommen, so daß die Plattendicke $h = 15,5$ cm beträgt.

Berechnung zusammengehöriger ε_u und ε_0 (s. Fig. 30).

Ich wähle

$$\varepsilon_u = 15.$$

Hierzu schätze ich ε_0 ebenfalls $= 15$.
Die beiden Werte müßten der Gleichung genügen:

$$F_u' + \frac{Z_e'}{b} = F_0'.$$

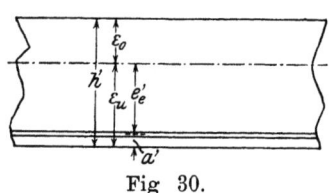

Fig. 30.

Die Werte F_u' und F_0' sind der Tabelle II zu entnehmen und betragen
$$F_u' = 197, \qquad F_0' = 290.$$

Berechnung der Zusammendrückungen ε_0 und Dehnungen ε_u usw. 31

Der Wert von Z_e' berechnet sich nach Gl. 15 zu

$$Z_e' = f_e \cdot \frac{h'}{h} \cdot e_e' \cdot \frac{E_e}{m}, \text{ wobei } m = 100000.$$

Nach Gl. 9 bis 13 ist nun

$$h' = \varepsilon_u + \varepsilon_0 = 15 + 15 = 30,$$

$$a' = a \cdot \frac{h'}{h} = 1{,}5 \cdot \frac{h'}{15{,}5} = 0{,}097\, h' = 0{,}097 \cdot 30 = 2{,}9,$$

$$e_e' = (\varepsilon_u - a') = 15 - 2{,}9 = 12{,}1,$$

$$\frac{Z_e'}{b} = \frac{1}{b} \cdot f_e \cdot \frac{h'}{h} \cdot e_e' \cdot \frac{E_e}{m} = \frac{1}{100} \cdot 6{,}45\, \frac{h'}{15{,}5} \cdot e_e' \cdot \frac{2\,100\,000}{100\,000}$$

$$= 0{,}0873 \cdot h' \cdot e_e' = 0{,}0873 \cdot 30 \cdot 12{,}1 = \mathbf{32}.$$

Wäre ε_0 mit 15 richtig gewählt, so müßte sein

$$F_u' + \frac{Z_e'}{b} = F_0',$$

$$\underbrace{197 + 32}_{229} = 290,$$

$$= 290.$$

Der Wert von ε_0 ist also zu groß gewählt. Geht man mit 229 in die Tabelle II unter F_0' ein, so findet man ein zugehöriges

$$\varepsilon_0 = \mathbf{13{,}2}.$$

Führe ich diesen Wert schätzungsweise in die Rechnung ein so ergibt sich

$$h' = 15 + 13{,}2 = 28{,}2,$$

$$a' = 0{,}097\, h' = 2{,}7,$$

$$e_e' = \varepsilon_u - a' = 12{,}3,$$

$$\frac{Z_e'}{b} = 0{,}0873 \cdot 28{,}2 \cdot 12{,}3 = 30.$$

Und es soll sein

$$197 + 30 = 229,$$

$$227 = 229.$$

Die Hauptgleichung ist fast genau erfüllt. Es zeigt sich, daß die erste Annäherungsrechnung sofort einen genügend genauen Wert von ε_0 liefert.

Das zugehörige Biegungsmoment ergibt sich mit Hilfe der Gleichung

$$\frac{M'}{b} = S_0' + S_u' + \frac{Z_e'}{b} \cdot e_e'.$$

Tabelle IV. Berechnung zusammengehöriger ε_u und ε_0 für eine Platte von $h = 15,5$ cm, $f_e = 6,45$ qcm.

Gewählt ε_u	5	10	15	20	30	50	70	100	140	160
Geschätzt ε_0	5 **5,2**	10	15 **13,3**	18 **16,1**	20 **19,8**	25 **25,7**	32 **31,1**	39 **39,3**	50 **51**	57 **57,4**
$h' = \varepsilon_u + \varepsilon_0$	10 10,2	20	30 28,3	38 36,1	50 49,8	75 75,7	102 101,1	139 139,3	190 191	217 217,4
$a' = 0,097\,h'$	1,0 1,0	1,9	2,9 2,8	3,7 3,5	4,8 4,8	7,3 7,3	9,9 9,8	13,5 13,5	18,4 18,5	21 21
$e_e' = \varepsilon_u - a'$	4,0 4,0	8,1	12,1 12,1	16,3 16,5	25,2 25,2	42,7 42,7	60,1 60,2	86,5 86,5	121,6 121,5	139 139
$\frac{Z_e'}{b} = 0,0873 \cdot h' \cdot e_e'$	3,5 3,6	14,2	32 30	54 52	110 109	280 283	533 530	1050 1050	2020 2030	2620 2630
F_u' aus Tabelle II	33,9 33	109,3	197 197	278 278	388 388	544 544	650 650	747 747	795 795	800 800
$\frac{Z_e'}{b} + F_u'$	37,4 37,5	123,5 123,2	229 227	332 330	498 497	824 827	1183 1180	1797 1797	2815 2825	3420 3430
ε_0 aus Tab. II zu $F_0' \left(= \frac{Z_e'}{b} + F_u'\right)$	5,2	9,6	13,3	16,1	19,8	25,7	31,1	39,3	51	57,4
S_0' aus Tabelle II	132	780	2030	3550	6500	13900	24100	45900	92000	126300
S_u' aus Tabelle II	110	690	1780	3190	5900	12100	18400	26500	32000	32600
$\frac{Z_e'}{b} \cdot e_e'$	14	110	370	860	2750	12000	32000	91000	246000	365000
$\frac{M'}{b}$	256	1580	4180	7600	15150	38000	74500	163400	370000	523900
$M = 24000 \left(\frac{M'}{b}\right) \cdot \frac{1}{h'^2}$	58000	99000	124000	140000	146000	157000	175000	202000	243000	268000
$(100\,000)\,\varphi = \frac{\varepsilon_0+\varepsilon_u}{h} = \frac{h'}{15,5}$	0,66	1,26	1,83	2,45	3,22	4,88	6,52	9,00	12,34	14

S_0' und S_u' werden direkt der Tabelle II entnommen, man erhält:
$$\frac{M'}{b} = 2030 + 1780 + 30 \cdot 12{,}3 = 4180.$$

Das Moment M wird:
$$M = M' \cdot \left(\frac{h}{h'}\right)^2 = b \cdot \left(\frac{M'}{b}\right)\left(\frac{h}{h'}\right)^2 = 100 \cdot \left(\frac{M'}{b}\right) \cdot \frac{15{,}5^2}{h'^2}$$
$$= 24000 \cdot \left(\frac{M'}{b}\right) \cdot \frac{1}{h'^2}.$$

Im vorliegenden Fall wird
$$M = 24000 \cdot 4180 \cdot \frac{1}{28{,}2^2} = 12600.$$

Die Berechnung weiterer Werte ist in Tabelle IV vorgenommen.

Die graphische Darstellung der Werte befindet sich auf Fig. 31 links oben. Die errechneten Momente sind auf der Senkrechten, die zugehörigen ε_0 und ε_u auf der Wagerechten nach rechts und links aufgetragen. Die erhaltenen Punkte sind durch eine stetige Kurve verbunden. Die Kurven zeigen dieselben charakteristischen Krümmungen, wie sie die Beobachtungen an den Versuchsbalken ergeben haben.

Die Tabelle IV ist sehr zahlenreich, die Berechnung ist aber sehr einfach und kann in 1 bis 2 Stunden bequem durchgeführt werden.[1]

6. Einsenkung einer frei aufliegenden Eisenbetonplatte bei gleichmäßig verteilter Belastung.

(Hierzu Fig. 31.)

Als Beispiel wähle ich die im vorigen Abschnitt berechnete Platte von 3 m lichter Weite und 700 kg/qm gleichmäßig verteilter Gesamtbelastung.

Die Einsenkung ist für verschieden hohe Belastungen gezeichnet.

Die Platte ist in Lamellen von 10 cm Länge eingeteilt, und in jeder die Mittellinie gezogen. Die durch eine gewisse gleich-

---

[1] Nachträglich erhielt ich Kenntnis von einem Aufsatz von Prof. Hotopp: „Biegungsspannungen in stabförmigen Körpern, die dem Hookeschen Gesetz nicht folgen, sowie in Verbundkörpern". Zeitschr. des Architekten- und Ingenieurvereins Hannover, Jahrg. 1906, S. 282.
Prof. Hotopp löst die Aufgabe des vorliegenden Abschnitts, indem er die allgemein bekannten Hauptgleichungen 7 und 8 auf graphischem Weg behandelt. Diese Lösung erweist sich als etwas umständlicher als die vorgeführte tabellarische Methode.

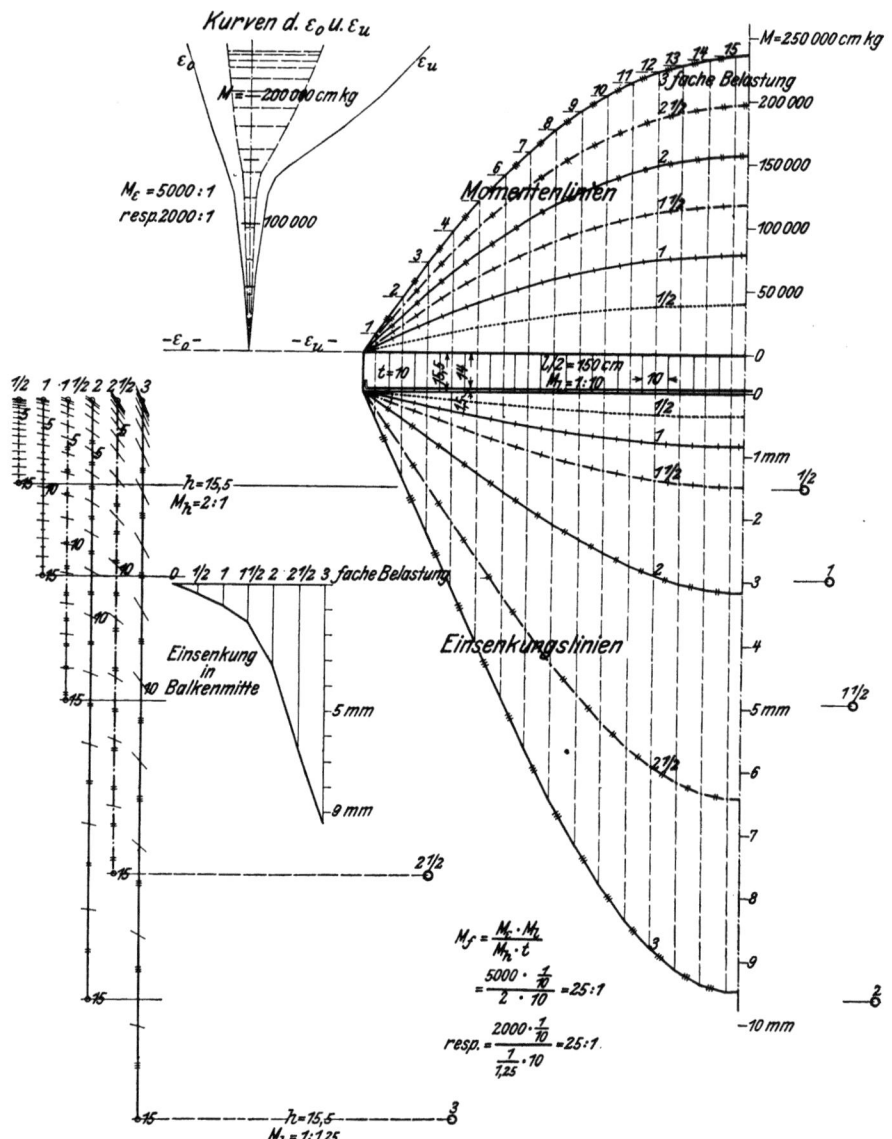

Fig. 31. Einsenkung einer **frei aufliegenden Platte** von 3,0 m l. W.
Einfache Gesamtbelastung 700 kg/qm.
(Figur in ¹/₈ Größe der Originalzeichnung.)

mäßig verteilte Belastung in den einzelnen Lamellenquerschnitten hervorgerufenen Biegungsmomente sind durch die zugehörige Momentenlinie (Parabel) gegeben. In der Figur links oben sind die

Kurven der ε_o und ε_u dargestellt. Die den verschiedenen Momenten entsprechenden elastischen Gewichte $(\varepsilon_o + \varepsilon_u)$ ergeben sich als Sehnen, welche auf den durch die Ordinatenpunkte der Momentenlinie gezogenen Wagrechten durch die Kurven der ε_o und ε_u ausgeschnitten werden. Die gesuchte Einsenkungslinie ergibt sich als Seillinie dieser elastischen Gewichte $(\varepsilon_o + \varepsilon_u)$ bei einer Polweite gleich der Höhe der Platte (siehe Abschnitt 1).

Zum Schluß muß noch der Maßstab der Einsenkungsordinaten berechnet werden.

(In der Fig. 31 mußten die Kurven der ε_o und ε_u aus Rücksicht auf den beschränkten Raum des Zeichnungsblattes zweimal aufgetragen werden, und zwar in den Maßstäben 5000:1 und 2000:1. Entsprechend mußte der Maßstab der Polweite h verschieden gewählt werden, um die Einsenkung immer in demselben Maßstab zu erhalten.)

Schließlich ist noch die Einsenkung der Balkenmitte bei den verschiedenen Belastungsstufen in einem Linienzug dargestellt.

7. Einsenkung einer an beiden Enden fest gespannten Platte mit und ohne Vouten.

(Hierzu Fig. 32 und 33.)

Beispiel: Eine eingespannte Platte von 3 m lichter Weite sei für eine Gesamtlast von 2100 kg/qm zu dimensionieren, hernach die Einsenkung für verschieden hohe Belastungen zu ermitteln.

Zur Dimensionierung werden für die Momente in Balkenmitte und an den Einspannungsstellen die Werte des eingespannten Balkens von durchgehends gleichem Querschnitt, Trägheitsmoment und Elastizitätsmodul zugrunde gelegt.

Demnach betrüge das Moment in der Balkenmitte

$$M_m = \frac{q l^2}{24} = \frac{2100 \cdot 3^2}{24} \cdot 100 = 79\,000 \text{ cmkg},$$

das Moment an den Einspannungsstellen:

$$M_s = \frac{q l^2}{12} = 158\,000 \text{ cmkg}$$

Der Balkenmitte entspricht die Platte des vorigen Beispiels mit einer Höhe $= 15{,}5$ cm und einem Eisenquerschnitt $f_e = 6{,}45$ qcm. An den Einspannungsstellen ist eine stärkere Platte nötig. Geht man von den Gedanken aus, daß an dieser Stelle die gleiche Eisenmenge wie in der Balkenmitte zur Verwendung kommen soll, so

36 Einsenkung einer an beiden Enden fest gespannten Platte usw.

ist die Ausbildung einer Voute in der in den Fig. 32 und 33 eingezeichneten Form erforderlich.

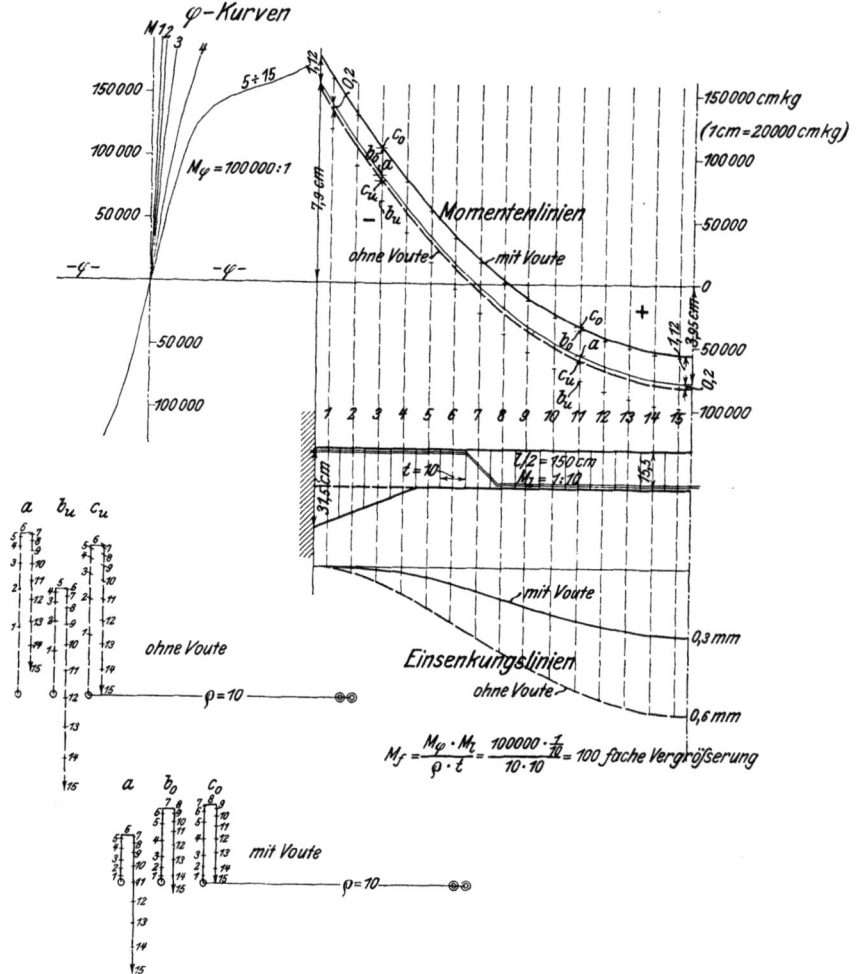

Fig. 32. Einsenkung einer **eingespannten** Platte mit und ohne Vouten.
Belastung 2100 kg/qm.
(Figur in ¹/₃ Größe der Originalzeichnung.)

Wird die Voute weggelassen, so kann die eingespannte Platte über der Stütze nur das Moment 79000 cmkg aufnehmen, die Platte genügt damit in ihrer Dimensionierung nur der halben Belastung, also 1050 kg/qm.

Die mit Vouten ausgebildete Platte zeigt nicht mehr durchgehends gleiche Höhe wie die Platte des vorigen Beispiels, zur

Konstruktion der Biegelinie und der Einsenkung müssen daher, wie im Abschn. 1 ausgeführt ist, die elastischen Gewichte $\varphi = \dfrac{\varepsilon_0 + \varepsilon_u}{h}$ verwendet werden. Diese Werte φ sind für die Platte von 15,5 cm Höhe bei 6,45 qcm Eisenquerschnitt in der Tabelle IV (unterste Linie) angegeben.

Die Lamellen 1 bis 4 der Vouten zeigen verschiedene Höhen. Infolgedessen ist für jede Lamelle eine besondere Kurve der Werte ε_0 und ε_u bzw. der elastischen Gewichte φ erforderlich. Die Rechnungsarbeit, welche für die Platte von 15,5 cm Höhe durchgeführt und in Tabelle IV niedergelegt ist, muß für jede dieser Lamellen wiederholt werden. Als Formänderungskurve ist wieder die Kurve des Balkens 48 zugrunde gelegt. Ich verzichte darauf, die Rechnungen wiederzugeben und begnüge mich mit der Einzeichnung der φ-Kurven, welche in den Fig. 32 und 33 jeweils links oben zur Darstellung gebracht sind.

Um die Einsenkung bei einer gewissen Belastung 2100 kg/qm zu konstruieren, zeichne ich zuerst die Momentenlinie unter der Annahme, daß das Moment in der Balkenmitte $= \dfrac{q l^2}{24}$ und an der Einspannungsstelle $= \dfrac{q l^2}{12}$ sei. Diese Linie ist in Fig. 32 dünn ausgezogen und mit a bezeichnet. Die den Momenten der einzelnen Lamellen entsprechenden elastischen Gewichte φ erhalte ich gleich den Strecken, welche aus den Wagerechten durch die Momentenordinatenpunkte a zwischen der zur Lamelle gehörenden φ-Kurve und der Senkrechten abgeschnitten werden. Diese Strecken können ohne weiteres mit dem Zirkel durch Anlegen an die wagerechte Reißschiene abgegriffen werden.

Aus der Forderung der festen Einspannung geht hervor, daß die Biegelinie an der Einspannungsstelle horizontal verlaufen muß. In Balkenmitte muß sie wegen der symmetrischen Belastung ebenfalls horizontal verlaufen. Daraus folgt, daß die Summe der positiven elastischen Gewichte gleich der Summe der negativen elastischen Gewichte sein muß.

Vorliegend ist dies nicht der Fall, wie aus der Fig. 32, unten, a, zu ersehen ist. Die Annahme der Momente mit $\dfrac{q l^2}{24}$ und $\dfrac{q l^2}{12}$ ist daher nicht richtig. Die wirklichen Momente müssen durch Probieren festgestellt werden. Zu diesem Zwecke schiebe ich die ganze Momentenlinie 1 cm in die Höhe und bestimme die dieser Momentenlinie entsprechenden elastischen Gewichte φ

(s. Fig. 32, unten, b_o). (Diese Momentenlinie ist nur durch kurze wagerechte Striche an den Lamellenmittellinien angedeutet.)

Die Forderung, Summe der positiven elastischen Gewichte gleich Summe der negativen Gewichte, ist hier im allgemeinen noch nicht erfüllt. Aus der Fehlerdifferenz zwischen a und b läßt sich aber die notwendige Verschiebung annähernd berechnen. Sie ergibt sich für die Platte mit Voute zu **1,12 cm**.

Die um 1,12 cm verschobene Momentenlinie ist in Fig. 32, oben rechts, mit ganzer Linie kräftig ausgezogen. Die zugehörigen elastischen Gewichte sind in der Figur unten, c_o, zusammengestellt. Die Summe der elastischen positiven Gewichte ergibt sich nunmehr gleich der Summe der negativen Gewichte.

Würde diese Forderung noch nicht erfüllt, so wäre eine nochmalige Verschiebung der Momentenlinie notwendig.

Das Moment in der Balkenmitte $\frac{ql^2}{24}$ war auf der Zeichnung der Fig. 32 durch eine Strecke von 3,95 cm Länge dargestellt. Die notwendige Verschiebung ergab sich zu 1,12 cm nach oben, d. h. bei der vorliegenden festgespannten Voutenplatte ist das wirkliche Moment in der Balkenmitte um $\frac{1,12}{3,95}$ oder **28 % kleiner** als bei dem festgespannten Balken konstanten Querschnitts aus Material von konstantem Elastizitätsmodul.

Das wirkliche Moment an der Einspannungsstelle ist $\frac{28}{2} = 14\%$ **größer** als $\frac{ql^2}{12}$.

Werden die Vouten weggelassen, so sind die elastischen Gewichte der Lamellen 1 bis 4 der zu den Lamellen 5 bis 15 gehörigen Kurve zu entnehmen. (Die elastischen Gewichte s. Fig. 32, Mitte links, a, b_u, c_u).

Die Forderung, Summe der positiven = Summe der negativen elastischen Gewichte wird erreicht durch Verschiebung der Momentenlinie um 0,2 cm nach unten, d. h. bei der festgespannten Eisenbetonplatte ohne Vouten ergibt sich das wirkliche Moment in Balkenmitte um $\frac{0,2}{3,95}$ oder **5 % größer** als $\frac{ql^2}{24}$, an den Einspannungsstellen um **2,5 % kleiner** als $\frac{ql^2}{12}$.

Die Einsenkungslinie der Platte erhält man als Seilpolygon mit Hilfe der elastischen Gewichte φ bei beliebiger Poldistanz ϱ. Zum Schluß ist der Maßstab der Einsenkungsordinaten nach Gl. 3 und 4 zu berechnen.

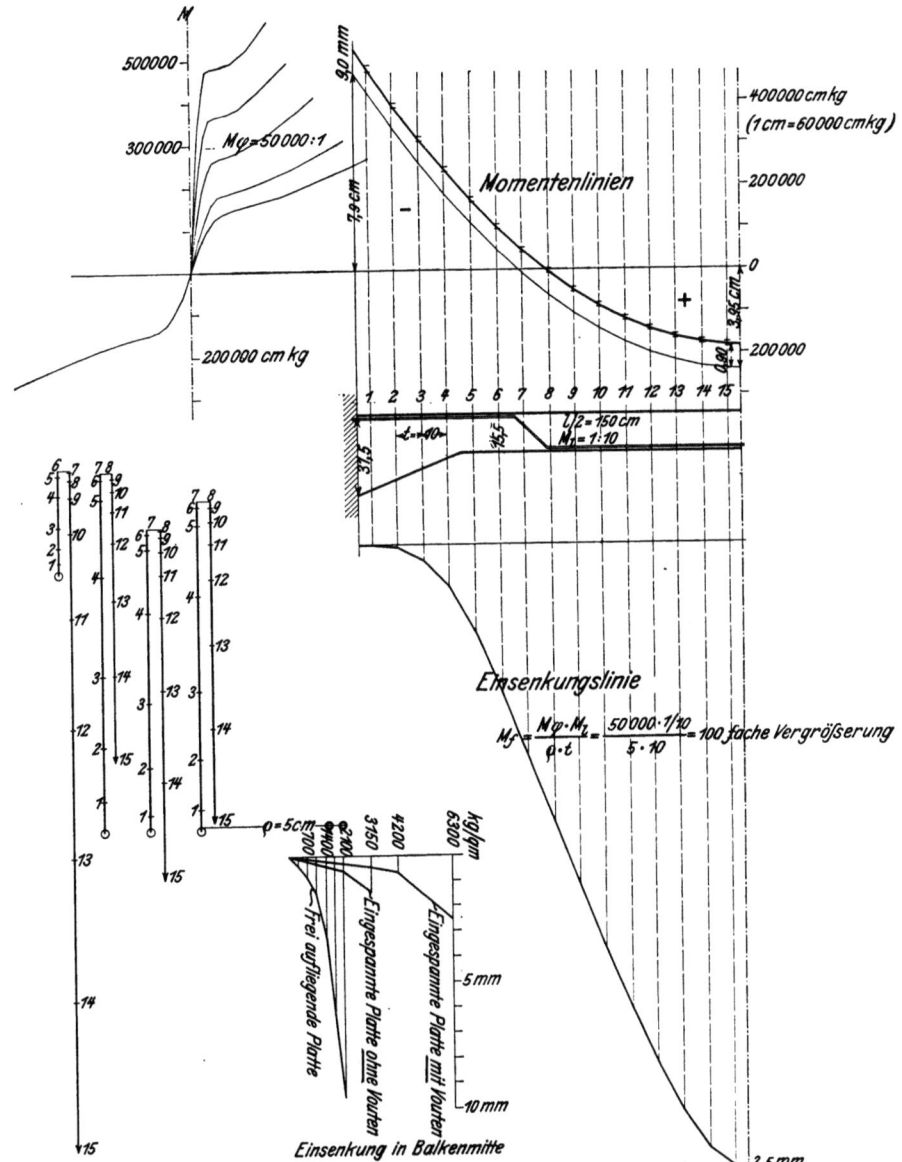

Fig. 33. Eingespannte Platte bei Belastung 6300 kg/qm.
(Figur in ¹/₃ Größe der Originalzeichnung.)

Dieselben Untersuchungen habe ich für diese Platte für mehrere Belastungen durchgeführt (s. Fig. 33). Für die Momente in der Balkenmitte bzw. den Einspannungsstellen ergaben sich folgende Werte

Belastung in kg/qm		? fache Dimensionierungsbelastung	Das wirkliche Moment	
			in Balkenmitte ergibt sich im Vergleich zu $\frac{q l^2}{24}$ um	an den Einspannungsstellen ergibt sich im Vergleich zu $\frac{q l^2}{12}$ um
ohne Vouten	2100 3150	2 fache 3 fache	5 % größer 19 % „	2,5 % kleiner 9,5 % „
mit Vouten	2100 3150 4200 6300	1 fache 1,5 fache 2 fache 3 fache	28 % kleiner 28 % „ 28 % „ 23 % „	14 % größer 14 % „ 14 % „ 11,5 % „

Die Einsenkung der Plattenmitte ist für die frei aufliegende sowie die festgespannte Platte mit und ohne Vouten für verschiedene Belastungen in Fig. 33 in einer gemeinsamen Figur dargestellt.

8. Einsenkung eines Plattenbalkens.

Die Einsenkung eines Plattenbalkens berechnet sich auf dieselbe Weise, wie die einer Platte.

Als Beispiel wähle ich einen Plattenbalken von 6 m lichter Weite und 50 cm Höhe, sowie einer mittragenden Plattenbreite $b_0 = 2$ m, Plattendicke $d = 15$ cm, Stegbreite $b_u = 25$ cm (Fig. 34).

Der Balken soll für eine gleichmäßig verteilte Gesamtlast von 2000 kg pro laufenden Meter dimensioniert werden und erfordert demnach einen Eisenquerschnitt $f_e = 22$ qcm.

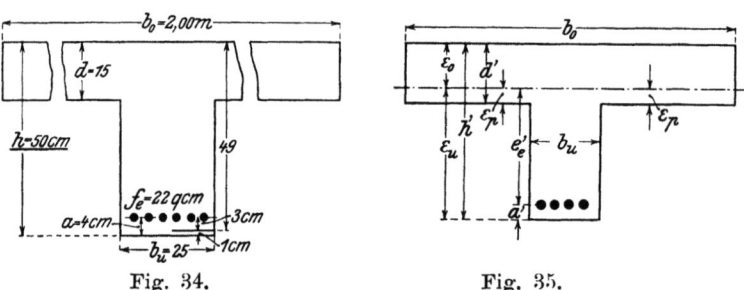

Fig. 34.　　　Fig. 35.

In erster Linie müssen wieder die zusammengehörigen ε_u und ε_0 durch Versuchsrechnung bestimmt werden. (Die Neutralachse liegt, wie die Rechnung ergibt, immer innerhalb der Platte. Die

Plattenunterkante wird durch den Index $_p$ gekennzeichnet.) Die Werte ε müssen der Gleichung genügen (entsprechend Gl. 14)

$$b_0 F_0' = b_u F_u' + (b_0 - b_u) F_p' + Z_e'$$

(s. Fig. 35), wobei

$$Z_e' = f_e \cdot \frac{h'}{h} \cdot e_e' \cdot \frac{E_e}{m}$$

(vgl. Gl. 15).

Sind die zusammengehörigen Werte gefunden, so erhält man das zugehörige Moment aus den Gleichnngen:

$$M' = b_0 S_0' + b_u S_u' + (b_0 - b_u) S_p' + Z_e' \cdot e_e' \quad \text{(entsprechend Gl. 14)},$$

$$\text{und } M = M' \left(\frac{h}{h'}\right)^2. \quad \text{(vgl. Gl. 13)}.$$

Die Rechnung, die etwas umständlicher ist als bei der einfachen Platte, ist in der nachstehenden Tabelle V durchgeführt. Um die Verdrängung des Betons durch die Eiseneinlagen zu berücksichtigen ($f_e = 22$ qcm) ist der unterste Zentimeter des Betonstegs weggelassen (25 qcm) und für den Plattenbalken eine Höhe $h = 49$ cm eingeführt.

Die Werte ε_u und ε_0 sind dann zusammengehörend, wenn in Tabelle V die Zahlenwerte in der Horizontalspalte „Druck $= b_0 F_0'$ $= 200 F_0'$" mit denen der Horizontalspalte „Zug $= \Sigma$" übereinstimmen.

Die Einsenkung des Plattenbalkens ergibt sich in derselben Weise wie bei der einfachen Platte (s. Fig. 36).

Wird der Plattenbalken an beiden Enden fest eingespannt, so hat er, wenn das Biegungsmoment in Balkenmitte mit $\frac{q l^2}{24}$ angenommen wird, eine Tragkraft von 6000 kg pro laufenden Meter. An den Einspannungsstellen ist aber, entsprechend den auftretenden Momenten $\frac{q l^2}{12}$, die Ausbildung einer starken Voute erforderlich (s. Fig. 37).

Die einzelnen Lamellen (1 bis 4) der Voute ergeben verschiedene φ-Kurven, für jede Lamelle muß die Rechnung der Tabelle V wiederholt werden. Auf die Wiedergabe dieser Rechnung verzichte ich. Als Formänderungskurve des Betons müßte in diesen Fällen, wo die Platte gezogen, der Steg gedrückt ist, die Formänderungskurve der mit nur einem Eisen armierten Balken 16 und 35 oder der nicht armierten Balken 66 und 69 zugrunde gelegt werden. Ich habe aber der Einfachheit halber auch für diese Fälle die Kurve des Balkens 48 gewählt.

42 Einsenkung eines Plattenbalkens.

Tabelle V. ε_0, ε_u und

	Gewählt ε_u	10			15			25		
	Geschätzt ε_0	3	4	**3,8**	6	5	**5,3**	9	8	**7,9**
	$h' = \varepsilon_u + \varepsilon_0$	13	14	13,8	21	20	20,3	34	33	32,9
$a' = a\dfrac{h'}{h} = \dfrac{3}{49}h'$, $a' = \dfrac{h'}{16,3}$		0,8	0,9	0,85	1,3	1,2	1,25	2,1	2	2,03
	$e_c' = \varepsilon_u - a'$	9,2	9,1	9,15	13,7	13,8	13,75	22,9	23	23
$d' = d\dfrac{h'}{h} = 15 \cdot \dfrac{h'}{49}$ $d' = \dfrac{h'}{3,27}$		4	4,3	4,23	6,45	6,15	6,22	10,4	10,1	10
	$\varepsilon_p = d' - \varepsilon_0$	1	0,3	0,43	0,45	1,15	0,92	1,4	2,1	2,1
F_0' F_p' F_u' } aus Tabelle II		13 1,5 109	22,7 0,14 109	20 0,14 109	49,8 0,14 197	35 2,0 197	39,5 1,4 197	108 2,9 339	86 6,6 339	84,2 6,6 339
Druck $= b_0 F_0' = 200 F_0'$		2600	4540	4000	9960	7000	7900	21 600	17 200	16 840
$F_p' \cdot (b_0 - b_u) = 175 F_p'$ $F_u' \cdot b_u = 25 F_u'$ $Z_e' = f_c \cdot \dfrac{h'}{h} \cdot e_c' \cdot \dfrac{E_c}{m} = 22 \cdot \dfrac{h'}{49} \cdot e' \cdot \dfrac{2\,100\,000}{100\,000}$ $= \dfrac{h' \cdot e'}{1,06}$		262 2743 1200	25 2743 1200	25 2743 1190	25 4925 2710	350 4925 2610	230 4925 2640	510 8475 7330	1150 8475 7190	1150 8475 7200
Zug $= \Sigma$		4105	3968	3950	7660	7885	7795	16 315	16 815	16 825
S_0' S_p' S_u' } aus Tabelle II				50,5 0 687			139 0,85 1782			400 9,2 4561
$b_0 S_0'$ $(b_0 - b_u) S_p'$ $b_u S_u'$ $Z_e' \cdot e_c'$				10 100 0 17 200 10 900			27 800 150 44 000 36 300			80 000 1 600 114 000 165 000
$M' = \Sigma$ $M = M'\left(\dfrac{h}{h'}\right)^2$ $M = 2400\,\dfrac{M}{h'^2}$				38 200 482 000			108 000 627 000			360 600 800 000
(100 000) $\varphi = \dfrac{\varepsilon_0 + \varepsilon_u}{h} = \dfrac{h'}{49}$				0,28			0,41			0,66

Einsenkung eines Plattenbalkens.

M für Plattenbalken.

40			70			110		160		
11	11,3	**11,4**	18	19	**18,3**	27	**27,2**	38	39	**38,8**
51	51,3	51,4	88	89	88,3	137	137,2	198	199	198,8
3,1	3,15	3,15	5,4	5,5	5,5	8,4	8,4	12,2	12,2	12,2
36,9	36,85	36,85	64,6	64,5	64,5	101,6	101,6	147,8	147,8	147,8
15,6	15,7	15,8	27	27,2	27,1	42	42	60,7	61	61
4,6	4,4	4,4	9	8,2	8,8	15	14,8	22,7	22	22,7
159,3	168	171	413	459	427	903	916	1692	1772	6756
29,3	27,6	27,6	92,5	79,6	89,2	197	193	314	317	314
472	472	472	650	650	650	765	765	800	800	800
31 860	33 600	34 200	82 600	91 800	85 400	180 600	183 200	338 400	354 400	351 200
5 120	4 830	4 830	16 200	13 900	15 600	34 500	33 800	54 800	55 100	54 800
11 800	11 800	11 800	16 200	16 200	16 200	19 100	19 100	20 000	20 080	20 000
17 700	17 800	17 800	53 700	54 000	53 800	131 500	131 600	276 000	277 000	277 000
34 620	34 430	34 430	86 100	84 100	85 600	185 100	184 500	350 800	352 100	351 800
		1276			5 140		16 200			44 100
		80			500		1 730			3 950
		8826			18 393		28 378			32 648
		255 200			1 028 000		3 240 000			8 820 000
		14 000			87 500		202 000			690 000
		220 700			459 800		709 500			816 000
		655 000			3 460 000		13 300 000			40 800 000
		1 145 000			5 035 000		17 452 000			51 126 000
		1 040 000			1 550 000		2 230 000			3 100 000
		1,03			1,77		2,74			3,98

44 Einsenkung eines Plattenbalkens.

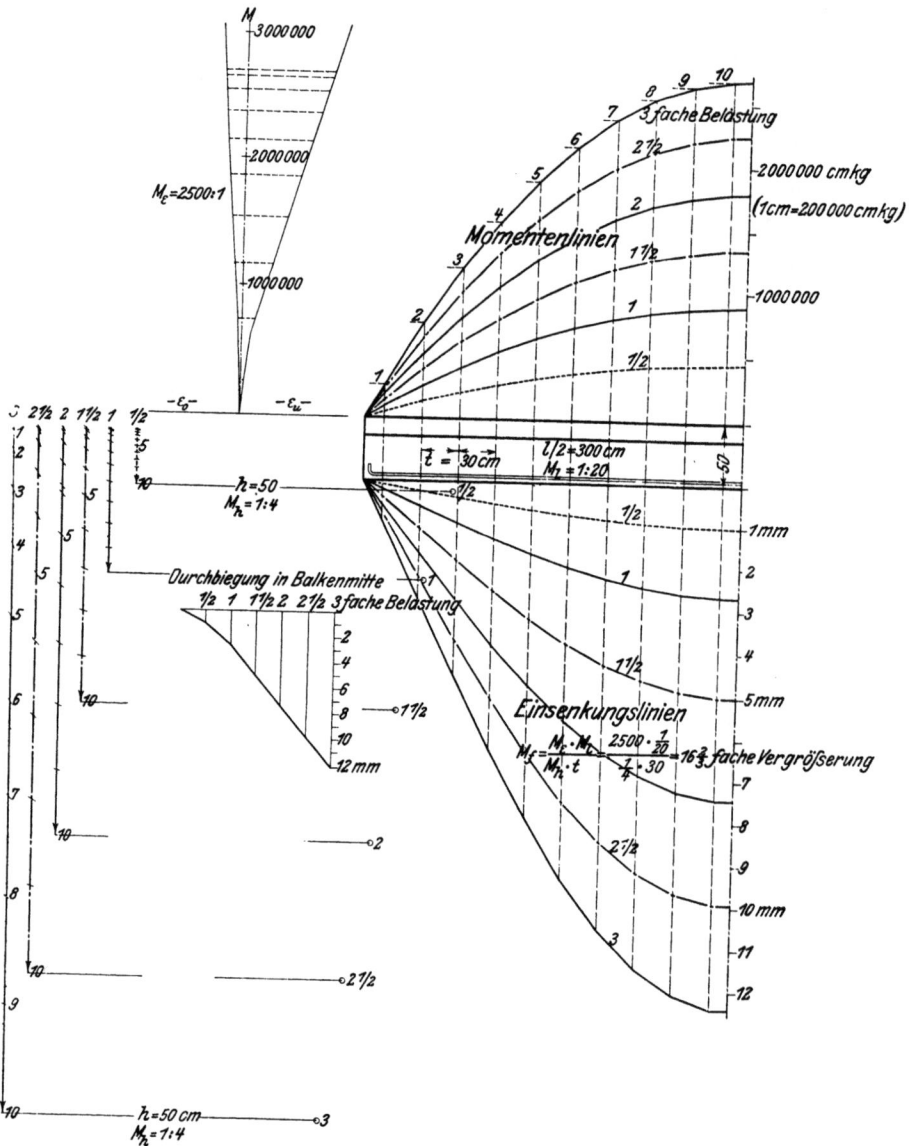

Fig. 36. Einsenkung eines **frei aufliegenden Plattenbalkens** von 6,0 m l. W.
Einfache Gesamtlast 2000 kg pro laufenden Meter.
(Fig. in ¹/₃ Größe der Originalzeichnung.)

Die Annahme der Momente mit $\dfrac{ql^2}{24}$ und $\dfrac{ql^2}{12}$ erweist sich auch hier als nicht richtig (siehe Fig. 37). Die Momentenlinie muß so lange verschoben werden, bis die Summe der negativen elastischen Gewichte gleich der Summe der positiven Gewichte ist.

Das wirklich auftretende Moment in Balkenmitte ist $43\,^0/_0$ kleiner als $\dfrac{ql^2}{24}$, das Einspannungsmoment um $21{,}5\,^0/_0$ größer als $\dfrac{ql^2}{12}$.

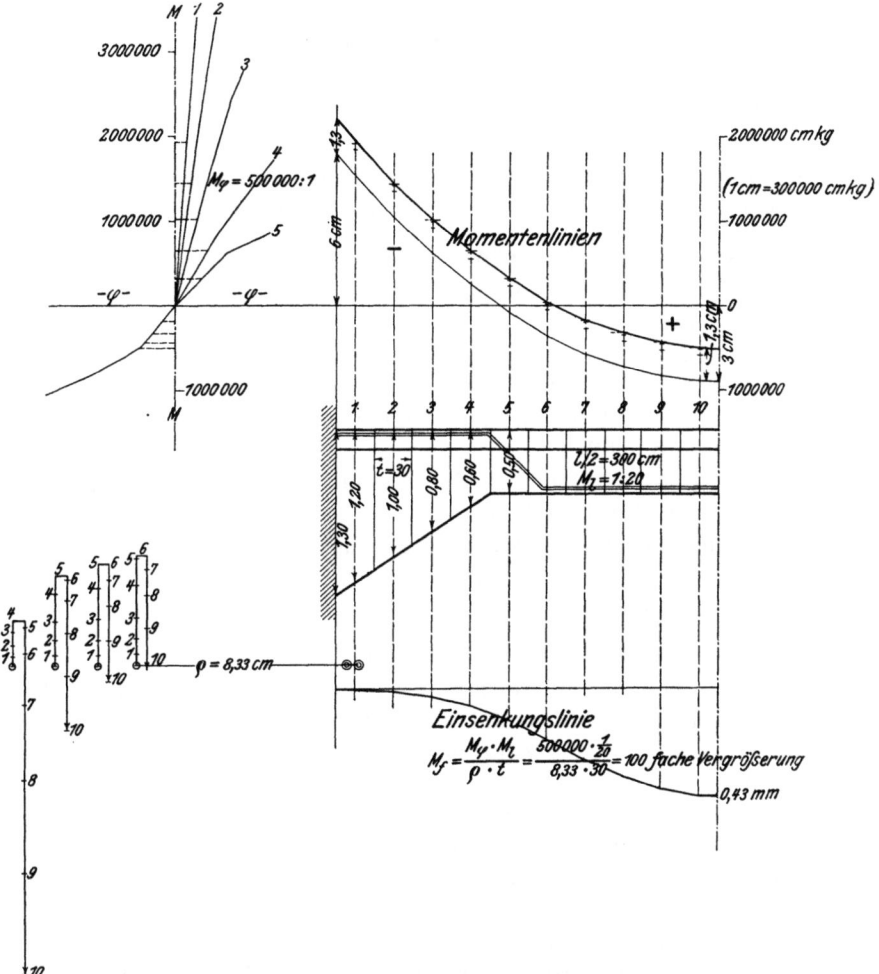

Fig. 37. **Fest gespannter Plattenbalken** bei Belastung 6000 kg/m.

Eine weitere Untersuchung desselben Plattenbalkens bei einer Belastung von 12000 kg pro laufenden Meter ergab das Moment in Balkenmitte um $50\,^0/_0$ kleiner als $\dfrac{ql^2}{24}$ und das Moment an der Einspannungsstelle um $25\,^0/_0$ größer als $\dfrac{ql^2}{12}$.

Literaturnachweis.

Angewandte Literatur.

C. Bach: Versuche mit Eisenbetonbalken; Heft 39 und 45 bis 47 der Mitteilungen über Forschungsarbeiten, herausgegeben vom Verein deutscher Ingenieure. Verlag von Julius Springer, Berlin.

Werke, auf welche verwiesen ist.

E. Mörsch: Der Eisenbetonbau, 3. Aufl., Verlag von Konrad Wittwer, Stuttgart 1908.

Hotopp: „Biegungsspannungen in stabförmigen Körpern, die dem Hookeschen Gesetz nicht folgen, sowie in Verbundkörpern." Zeitschr. des Architekten- und Ingenieurvereins Hannover, Jahrgang 1906, S. 282.

Heintel: „Der Schubmodul des Betons." Zeitschr. Beton und Eisen, Jahrg. 1908, Heft 4.

Heintel: Das elastische Verhalten des Betons bei Biegebeanspruchungen von Eisenbetonkonstruktionen. Zeitschr. Beton und Eisen, Jahrgang 1908, Heft 2.

Weitere Veröffentlichungen des Verfassers.

„Die Formel von Considère zur Berechnung der Eisenbetonpfeiler mit spiralförmiger Eiseneinlage und die Versuche von Wayss und Freytag, A. G." Zeitschr. Beton und Eisen, Jahrg. 1906, Heft 9.

„Haft- und Schubspannungen in Eisenbetonkonstruktionen und die preußischen Bestimmungen für die Ausführung von Eisenbetonkonstruktionen bei Hochbauten." Deutsche Bauzeitung, Jahrg. 1908, Nr. 4 und 5.

„Näherungsformeln für Eisenbetonplattenbalken." Zeitschr. Armierter Beton, Jahrg. 1908, Heft 7 und Il Cemento, Milano 1908, Nr. 8.

Verlag von Julius Springer in Berlin.

Armierter Beton.

Monatsschrift
für Theorie und Praxis des gesamten Betonbaues.

In Verbindung mit Fachleuten
herausgegeben von

E. Probst, und **M. Foerster,**
Zivilingenieur in Berlin. ord. Professor a. d. Techn. Hochschule Dresden

Monatlich erscheint ein Heft im Umfang von ca. 2—2½ Bogen.

Preis des Jahrgangs M. 10,—.

Probehefte stehen jederzeit unberechnet zur Verfügung!

Einfluß der Armatur und der Risse im Beton auf die Tragsicherheit. Ergebnisse aus den Untersuchungen der Abteilung 1 für Metallprüfung mit armierten Betonbalken. Bearbeitet und besprochen von **E. Probst,** Zivil-Ingenieur. Mit 77 Textabbildungen und 9 Tafeln. (Ergänzungsheft I, 1907 der Mitteilungen aus dem Königl. Materialprüfungsamt zu Groß-Lichterfelde West. Herausgegeben im Auftrage der Königl. Aufsichts-Kommission.) Preis M. 15,—.

Widerstandsmomente, Trägheitsmomente und Gewichte von Blechträgern nebst numerisch geordneter Zusammenstellung der Widerstandsmomente von 59 bis 25622. Von **B. Böhm,** Kgl. Reg.-Baumeister, Bromberg, und **E. John,** Kgl. Reg.-Baumeister, Köln.
In Leinwand gebunden Preis M. 7,—.

Anleitung zur statischen Berechnung von Eisenkonstruktionen im Hochbau. Von **H. Schloesser,** Ingenieur. Mit 160 Textabbildungen, einer Beilage und einem Bauplan. Dritte, verbesserte Auflage, bearbeitet und herausgegeben von **W. Will,** Ingenieur.
In Leinwand gebunden Preis M. 7,—.

Schutz von Eisenkonstruktionen gegen Feuer. Herausgegeben im Auftrage des Verbandes deutscher Architekten- und Ingenieurvereine, des Vereines deutscher Ingenieure und des Vereines deutscher Eisenhüttenleute von **H. Hagn,** Ingenieur in Hamburg. Mit 163 Textfiguren.
In Leinwand gebunden Preis M. 2,—.

Die Fürsorge gegen Feuersgefahr bei Bauausführungen. Ein Handbuch für Architekten, Brandtechniker, Bau- und Verwaltungsbeamte von **Dr. Reddemann,** Branddirektor der Provinzialhauptstadt Posen. Mit 16 Textfiguren. Preis M. 5,—; in Leinwand gebunden M. 6,—.

Zu beziehen durch jede Buchhandlung.

Verlag von Julius Springer in Berlin.

Die Prüfung und die Eigenschaften der Kalksandsteine. Ergebnisse von Versuchen, ausgeführt im Königl. Materialprüfungsamt zu Groß-Lichterfelde West. Von **H. Burchartz**, ständiger Mitarbeiter der Abteilung für Baumaterialprüfung am Königl. Materialprüfungsamt zu Groß-Lichterfelde West. Mit 13 Textfiguren. Preis M. 5,—.

Luftkalke und Luftkalkmörtel. Ergebnisse von Versuchen, ausgeführt im Königl. Materialprüfungsamt zu Groß-Lichterfelde West. Von **H. Burchartz**, ständiger Mitarbeiter der Abteilung für Baumaterialprüfung am Königl. Materialprüfungsamt zu Groß-Lichterfelde West. Mit 80 Textfiguren. Preis M. 9,—.

Die Kegelprobe. Ein neues Verfahren zur Härtebestimmung von Materialien. Von Dr.-Ing. **Paul Ludwik**, Honorar- und Privat-Dozent an der Technischen Hochschule in Wien. Mit 1 Textabbildung und 8 Seiten Tabellen. Preis M. 1,—.

Handbuch des Materialprüfungswesens für Bau- und Maschineningenieure. Von Dipl.-Ing. **Otto Wawrziniok**, Adjunkt an der Königl. Technischen Hochschule zu Dresden. Mit 501 Textfiguren. Inhaltsübersicht: Erster Teil: Festigkeits- und Güteprüfung der Materialien mit besonderer Berücksichtigung der Metalle. Zweiter Teil: Die Materialprüfungsmaschinen. Dritter Teil: Physikalische Meßinstrumente und Messungen. Vierter Teil: Prüfung der Baustoffe. Fünfter Teil: Prüfung von Bauteilen aus natürlichen und künstlichen Steinen, sowie aus Beton und Eisenbeton. Sechster Teil: Grundzüge der Metallographie. Anhang. In Leinwand gebunden Preis M. 20,—.

Elastizität und Festigkeit. Die für die Technik wichtigsten Sätze und deren erfahrungsmäßige Grundlage. Von Dr.-Ing. **C. Bach**, Königl. Württ. Baudirektor, Prof. des Maschinen-Ingenieurwesens an der Königl. Techn. Hochschule Stuttgart. Fünfte, vermehrte Auflage. Mit zahlreichen Textfiguren und 20 Lichtdrucktafeln. In Leinwand gebunden Preis M. 18,—.

Einführung in die Festigkeitslehre nebst Aufgaben aus dem Maschinenbau und der Baukonstruktion. Ein Lehrbuch für Maschinenbauschulen und andere technische Lehranstalten sowie zum Selbstunterricht und für die Praxis. Von **Ernst Wehnert**, Ingenieur und Lehrer an der Städt. Gewerbe- und Maschinenbauschule in Leipzig. Mit 231 Textfiguren. In Leinwand gebunden Preis M. 6,—.

Zusammengesetzte Festigkeitslehre nebst Aufgaben aus dem Gebiete des Maschinenbaues und der Baukonstruktion. Ein Lehrbuch für Maschinenbauschulen und andere technische Lehranstalten sowie zum Selbstunterricht und für die Praxis. Von **Ernst Wehnert**, Ingenieur und Lehrer an der Städtischen Gewerbe- und Maschinenbauschule in Leipzig. Mit 142 Textfiguren. In Leinwand gebunden Preis M. 7,—.

Technische Mechanik. Ein Lehrbuch der Statik und Dynamik für Maschinen- und Bauingenieure. Von **Ed. Autenrieth**, Oberbaurat und Professor an der Königl. Techn. Hochschule zu Stuttgart. Mit 327 Textfiguren. Preis M. 12,—; in Leinwand gebunden Preis M. 13,20.

Bautechnische Regeln und Grundsätze. Zum Gebrauche bei Prüfung von Bauanträgen und Überwachung von Bauten in polizeilicher Hinsicht. Zusammengestellt von **O. Siebert**, Baurat. Mit 88 Textfiguren. In Leinwand gebunden Preis M. 6,—.

Zu beziehen durch jede Buchhandlung.

MIX
Papier aus verantwortungsvollen Quellen
Paper from responsible sources
FSC® C105338

If you have any concerns about our products,
you can contact us on
ProductSafety@springernature.com

In case Publisher is established outside the EU,
the EU authorized representative is:
Springer Nature Customer Service Center GmbH
Europaplatz 3, 69115 Heidelberg, Germany

Printed by Libri Plureos GmbH
in Hamburg, Germany